諮商與心理治療
的理論與實務　學習手冊
［第五版］

GERALD COREY／著

李茂興／譯

Student Manual for
Theory and Practice
of Counseling and
Psychotherapy [Fifth Edition]

GERALD COREY

Copyright© 1996 by Brooks/Cole Publishing Company
A division of International Thomson Publishing Inc.

 Chinese edition copyright © 1996
by Yang-Chih Book Co., Ltd.
for sales in worldwide.

Brooks/Cole Publishing Company
I(T)P™ An International Thomson Publishing Company

致謝辭

我希望藉此一角衷心感謝加州大學使用過本手冊的學生們,因為他們提供了許多寶貴的意見與建議,這是使本手冊持續能夠精益求精的原動力。跟他們在一起互動討論,不但豐富了我個人的生活,也促進了我專業上的進步。在此也特別要感謝人群服務學系的學生們,他們對於本手冊的校對與疏漏,提供了許多貼心的協助。

特別的謝意還要在此向我的妻子Marianne Schneider Corey表達。她不但審查全書內容,並且耐心地逐一跟我分享她的想法。本書有許多想法來自她的貢獻,因此本書應是我們兩人共同努力的成果。

還要感謝編輯Bill Waller先生,他的經驗與細心,使本手冊的閱讀流暢度大為提高。

如果得不到讀者的迴響,寫書通常會是一條寂寞的單行道。衷心希望讀者對於本手冊及教本有任何想法與批評,都不要遲疑地告訴我。來信地址請寄:Brooks/Cole Publishing Company, Pacific Grove, CA 93950。對於你們任何的指教,我都衷心感謝。

Gerald Corey

目　錄

第一篇　諮商實務的基本議題

1 緒論與全覽

前言

　　本總複習手冊為搭配《諮商與心理治療的理論與實務》第五版而設計，編撰要旨在於促進學子掌握諮商理論的精髓與治療實務的學習，內容上則藉著各種測驗、討論問題及個案範例，強調如何將各種治療取向的觀念與技術之精微處發揮出來。因此，本手冊期許讀者在課堂內或課堂外都是「主動的學習者」，這不但有助於你個人的成長，也有助於未來成為一位成功的諮商員。

　　本手冊的特色包括：

- 提供自評題庫，讓讀者能夠評鑑自己對於各種諮商理論與實務、諮商員如何平衡工作與本性、及種種道德議題的態度與信念。
- 歸納勾劃各大諮商理論。
- 複習各理論的重點。
- 提供複習問題與討論問題。
- 提供研讀各諮商理論之前的自我測驗。
- 提供評估生活型態的評鑑表。
- 提供個案範例與供演練的個案。
- 提供在課堂內外如何進行一些體驗活動。
- 凸顯一些道德與專業議題供讀者進一步探索。
- 探討有關個人成長的基本議題。
- 各章專有名詞解釋。
- 各理論的測驗題目。

本手冊與教本如何搭配使用

　　為了發揮最大的學習效果，對於本手冊與教本如何搭配使用，我有以下建議，這些建議來自學生的意見與我個人的教學經驗：

1. 先略覽本手冊，獲得一些初步的「印象」。

2. 做本手冊前面的自評測驗，這些測驗都繞著教本中所討論的主要觀念。目的「不在於」找出正確的答案，而在於測試出你個人同意或不同意這些觀念的程度。我的學生們都指出，這些測驗使他們在研讀教材時會有一個清楚的焦點。

3. 在研讀教本相關章節之前，先預習本手冊中對該章的重點提示。此外，重要名詞解釋與手冊中所凸顯的一些討論問題也將有助於教材的研讀。我的學生們指出，這些使他們更能夠掌握教本內容中的精神。

4. 研讀教本之後，再回過頭來閱覽本手冊。

　　a. 複習一下手冊中的討論問題（做更進一步的思考）。

　　b. 重做（或至少流覽一下）自評測驗。

　　c. 再流覽一下手冊中的重點提示。

　　d. 複習一下重要名詞的定義。

　　e. 選做一些對你而言最有意義的討論問題或作業，並澄清一下你個人對於當中隱含的議題之立場。

　　f. 把在e項你認為有疑慮的地方，帶到課堂中做進一步的討論。

　　g. 試著回答「理論的重點複習」當中提出的問題。

　　h. 培養自己對該理論取向的批判立場，並思考一下該理論取向有

那些特色你最喜歡攫取來融入自己個人的諮商風格中。

　　i. 做手冊最後的測驗題目並加以計分，附錄中有答案。

6. 在本手冊的大多數章節裡，我故意放進了大量的練習問題，超出與課程搭配的量。我的建議是，首先研讀教本中的教材之後，再選作一些你自認最相關、最有趣的練習問題。在課程結束之後，我希望你能夠再去研讀一下那些你所跳過的練習問題。

7. 在研讀第二章（諮商員：具人性之專業人員）時，儘可能把自己置身於議題中，思考一下自己會有哪些感受與回應的作法。一旦能以這種方式研讀第二章，則接著研讀各理論取向，可以更順利的把自己融入其中，並且能夠把所學的應用到自己的生活上。我的學生們指出，這種方式可以讓他們體驗更深、獲得更多。主要原因是，以這種方式來研讀教材，會使內容顯得更有趣，而不只是研讀了一些與自己無關的抽象理論。

8. 我建議讀者在進入研讀各理論取向之前，至少要流覽一下最後二章。第十四章（史天恩個案）概述了各理論取向如何輔導同一位當事人。當你研讀各理論取向時，應時時思考如何以該理論取向的架構去輔導史天恩。本手冊將會提示從各理論取向如何輔導史天恩的作法。至於一旦你已研讀過所有理論取向之後，第十三章是最佳的複習重點。我把這兩章放在最後面的用意是，在研讀各理論取向之後，這兩章最能夠把所有素材加以整合與歸納。但不管如何，先流覽第十三章及第十四章，對於你分別研讀各理論取向時，將有助於比較分辨各理論取向之異同。

9. 當讀者研讀教本及本手冊時，應時時留意各理論取向之間有何不同。在重要觀念與實務作法方面，應尋找出所有理論之間有那些共通處，以及有那些主要的分歧點。此外，讀者應開始在各個理

論取向當中選出那些適合自己的人格與諮商風格的要素，為日後的諮商工作打底。

10.許多學生發現做心得記錄是很有價值的工作，他們會把自己參與諮商課程中各種特殊活動之個人心得，以及對於討論問題的心得和想法，在筆記本上做深入的記載。當學期結束之後或日後執業，再來翻閱這些心得記錄，會使自己的經驗獲得更上一層的磨亮。

11.我也建議讀者跟班上的幾個同學組成小團體的讀書會，一來可以一起準備考試，二來彼此可以從各個成員身上學到自己不曾注意到的東西。許多學生告訴我，在這種讀書會中，藉著教導別人及聽取別人的教導，他們真正學到教材中的精髓重點。對於探討道德、法律、及專業上的各項議題，這種讀書會更是特別有用。

理論重點回顧

提示：此處的複習問題在設計上是用來複習你剛讀過的理論。為了協助你對於理論內涵有更清楚的瞭解，請用你自己的話簡短地回答下面的問題。這些答案也可以形成你對於各理論取向的「評論」。此處的問題綱要，對於你研讀教本以及在讀書會中形成大家一起討論的焦點，會相當有幫助。有了這個基礎之後，你就可以把自己的意見帶到課堂中做進一步的討論。

1.重要觀念

　a.本理論的「人性觀」是什麼？有那些蘊涵的「基本假設」呢？

　b.凸顯本理論取向的主要特色是什麼？強調那些重點？有那些基本的想法？

2.治療歷程

    a.治療目標是什麼？

    b.治療者的功能與角色是什麼？

    c.當事人在治療歷程中的角色是什麼？對當事人有那些期望？當事人該做些什麼？

    d.當事人與治療者之間的治療關係具有何種特性？

3.應用：治療技術與程序

    a.使用那些主要的技術與方法？

    b.本取向「最」適合應用在那些領域？適合那些類型的當事人？適合那些問題症狀？適合那些場合之下？本取向輔導不同文化背景的當事人時，情形會如何？

    c.「你個人」對本取向的評語是什麼？本取向有那些限制？你最喜歡及最不喜歡本取向的那些構面？

    d.本取向有那些特定的構面（觀念與技術）是你最想融入在自己的諮商風格中的？為什麼？

    e.為了瞭解自己及在日常生活中運用，你「個人」會以那些方式應用本取向來輔導自己？

    f.有那些你認為最重要及對你個人最有意義的問題，並且想更進一步地探討的？

態度與價值觀自評量表

提示：這「不是」傳統的選擇題，要你選出一個正確的答案；而是探討「你自己」對於諮商與心理治療的基本信念、態度、與價值觀。

答案不限一個，而如果這些答案都似乎無法表達出你的看法，則以文字敘述的方式寫在「e」項的空白處。當課程結束之後，你可重新流覽一遍，看看你的信念與價值觀是否有所改變。

1. 我認為諮商與心理治療之目的在於

    a. 使人們更能適應人際間的相處情況。

    b. 告訴人們如何過生活。

    c. 使當事人快樂與滿足。

    d. 提供解決當事人問題的辦法。

    e. _____

2. 我對人性的看法是

    a. 人性本善。

    b. 人性本惡。

    c. 人性不善不惡。

    d. 人能創造自己的心性。

    e. _____

3. 關於自由方面的議題，我認為

    a. 我們能藉由抉擇來決定自己的命運。

    b. 我們只擁有「有限度」的自由。

    c. 我們幾乎都是制約作用下的產物。

    d. 我們受到基因與環境的左右。

    e. _____

4. 關於由誰來決定諮商之目標，我認為

    a. 主要是當事人的責任。

    b. 主要是治療者的責任。

    c. 是當事人與治療者共負的責任。

d.應該由社會來決定。

e. _____

5.我個人認為心理治療之主要目標在於

　　a.提供環境喚起當事人最大的自我察覺。

　　b.使積沈在潛意識裡的東西浮到意識層來。

　　c.獲得一個更具容忍性與理性的人生觀。

　　d.學習切於實際與負責任的行為。

　　e. _____

6.諮商的焦點主要應放在

　　a.人們正在思考些什麼。

　　b.人們正在感受些什麼。

　　c.人們正在做些什麼。

　　d.以上皆是，根據治療的階段而定。

　　e. _____

7.就我對諮商的理解而言，諮商的歷程是

　　a.再教育。

　　b.協助當事人重新做決定。

　　c.學習整合一個人的感受與思考。

　　d.學習更有效的因應技能。

　　e. _____

8.諮商與心理治療應把焦點放在當事人

　　a.過去的經驗上。

　　b.此時此地的經驗上。

　　c.對於未來的追求上。

　　d.所決定的任何事物上。

e. _____

9. 諮商與心理治療應把焦點放在
   a. 改變行為。
   b. 提供洞察。
   c. 改變態度與感受。
   d. 挑戰價值觀。
   e. _____

10. 我認為一個身心健康的人最重要的特徵似乎是
    a. 能在社會所接受的道德架構下過生活。
    b. 能完全地為現在而活，能充份地體驗此時此刻。
    c. 沒有任何問題症狀、內心衝突、及心理掙扎。
    d. 為別人的利益而行善。
    e. _____

11. 不正常行為最能解釋為
    a. 錯誤學習的結果。
    b. 在幼年時期未能解決性心理方面的衝突。
    c. 以非理性的方式思考及表現出行為。
    d. 基因因素，生化因素，或兩者都有。
    e. _____

12. 在多元文化的社會中進行諮商，我認為最重要的是
    a. 對各種文化進行過研究工作。
    b. 在多元文化的環境裡獲取最真切的經驗。
    c. 容忍各種文化。
    d. 培養應付不同文化背景的當事人之技能。
    e. _____

13.我認為對於文化差異具備特定的知識

　　a.有助於諮商的進行。

　　b.是有害的，因為會有形成刻板印象的傾向。

　　c.不可能做到，因為文化是如此之多。

　　d.有助於提供一個概念性的架構。

　　e.＿＿＿＿＿＿＿＿＿＿＿＿＿＿＿＿

14.一個人的幼年經驗與經歷

　　a.對治療而言不是真正重要的素材。

　　b.決定了這個人目前適應環境的能力。

　　c.在治療中必須加以探索。

　　d.雖然有點相關，但對於現在的這個人並不是很重要。

　　e.＿＿＿＿＿＿＿＿＿＿＿＿＿＿＿＿

15.我認為治療者最重要的功能是

　　a.此時此刻跟當事人同在一起。

　　b.解析當事人目前的問題症狀之意義。

　　c.建立互信的氣氛，使當事人能自由地探索其感受與想法。

　　d.提供特定的建議，使當事人在治療外知道該怎麼辦。

　　e.＿＿＿＿＿＿＿＿＿＿＿＿＿＿＿＿

16.我認為治療者應該

　　a.積極、具指導性。

　　b.不要有太濃厚的指導色彩，讓當事人來引導治療的進行。

　　c.以符合當事人的期望之角色出現。

　　d.指導性或非指導性，依當事人能否自我引導而定。

　　e.＿＿＿＿＿＿＿＿＿＿＿＿＿＿＿＿

17.關於當事人是否有潛力自行解決其情緒困擾，我認為

a.治療者必須具指導性，並提供答案給當事人。

b.如果當事人感受到自己為治療者接受，則能解決自己的問題。

c.當事人能夠不接受治療而解決自己的衝突。

d.當事人需要有人替他們出主意，並且需要指導。

e. _____

18.我認為治療者的權力 (power)

a.應用來操縱當事人，使走上治療者認為對當事人最有利的方向

b.因具有危險性而應儘量減少。

c.在為當事人做示範時可以是一股重要的力量。

d.是治療者需要強化自己的自我之訊號。

e. _____

19.我認為，為了協助當事人，治療者

a.必須跟當事人有類似的問題。

b.在當事人的問題領域裡，自己應完全沒有任何心理衝突。

c.必須跟當事人有類似的人生經驗與價值觀。

d.必須喜歡當事人。

e. _____

20.我認為讓那些想成為諮商員的人經歷一下心理治療是

a.絕對有此需要。

b.對於輔導當事人的能力上，不是一項重要的因素。

c.僅在治療者本身有嚴重問題時，才會顯得重要。

d.應大力鼓吹，但不能強迫。

e. _____

21.關於治療關係，我認為

a.治療者應是當事人的朋友。

b.治療者必須維持超然匿名的狀態。

c.親切的關係並不是很重要。

d.是治療歷程的核心所在。

e. _____

22.關於治療中的價值判斷，我認為治療者應該

a.維持中立，把自己的價值觀摒除在治療歷程之外。

b.對當事人的行為做價值判斷。

c.主動地灌輸價值觀給當事人。

d.鼓勵當事人對於自己的行為品質做價值判斷。

e. _____

23.關於理論在諮商中的角色，我認為治療者應該

a.擇定某一理論，並為了一致性而僅在此一理論的架構下運作。

b.忽視理論，因為跟實務上的應用並無多大關係。

c.致力於整合幾種理論取向。

d.整合所有理論，並依各個當事人不同而施用適當的觀念與技
　術。

e. _____

24.以下何者是成功諮商最重要的特色

a.諮商理論與行為理論的知識。

b.適切應用技術的能力。

c.治療者的真誠與開放。

d.治療者擬出治療計畫及評估治療結果的能力。

e. _____

25.關於心理治療的價值性，我認為

a.一般而言，能導致好的結果。

b.害處往往大於益處。

c.治療結果主要依治療者的功力而異。

d.對於改變一個人的行為沒有多大的效果。

e._____

提示：以下為是非題（T＝是，F＝非），請依你個人的信念來做答。

範例：T ⒡ 提供忠告是治療者的一項重要功能。

　　　　這是為友之道，但並非心理治療。

T　F　26.治療者應僅輔導那些他們會喜歡與關懷的當事人。

_____

T　F　27.一旦成為一位諮商員，我個人應樂於接受心理治療。

_____

T　F　28.尚未與當事人碰面之前，我應先決定治療目標。

_____

T　F　29.我的價值觀應摒除在治療歷程之外。

_____

T　F　30.守密是絕對的，不論在任何情況下，在治療期間我不應洩
　　　　露當事人的任何事情。

_____

T　F　31.為了有效地輔導當事人，治療者首先必須先清楚對方的文
　　　　化背景。

_____

T　F　32.我應該示範一些我期望當事人能學習模倣的行為。

_____

T　F　33.我自己自我實現的程度與心理健康的情形很可能是決定輔

導當事人成效之最重要變數。

T F　34.對我的當事人，我應該完全開放、坦白、及透明。

T F　35.我應該把自己的心理衝突跟當事人做深入的討論，這麼一來他們會認爲他們也可以解決困擾。

T F　36.在我們能夠改變之前，瞭解我們的問題之根源與起因是很重要的。

T F　37.成功的諮商員在態度上必須無條件地接納當事人。

T F　38.我是何種人，比我的理論取向及使用何種技術更爲重要。

T F　39.清楚我自己的文化背景跟清楚當事人的文化背景一樣重要。

T F　40.心智上的洞察是行爲改變的充分與必要條件。

T F　41.在幼年時期我們學到了一些生活的劇本，而這些劇本跟我們目前對自己的態度有很大的關係。

T F　42.如果要當事人出現任何眞正的改變，則治療應針對促使當事人的人際面與俗務面發生改變。

T F 43.諮商員基本上是扮演老師的角色,因為須對當事人施予再教育,並教導他們一些因應技能。

_____

T F 44.諮商員的核心任務在於引導當事人接受現實,並以負責任的方式在人際世界裡表現適當的行為。

_____

T F 45.因為面質可能引發當事人的傷痛或不舒服,所以一般而言我不會使用這項技術。

_____

T F 46.在與當事人的關係中,我個人的需求事實上並不重要。

_____

T F 47.因為在治療中沈默往往會被視為一種不耐煩的訊號,所以須小心避免。

_____

T F 48.建議與說服是治療歷程的一部份。

_____

T F 49.治療關係的特徵是治療者與當事人應有同樣程度的投入與分享。

_____

T F 50.我必須小心避免犯錯,因為如果讓當事人觀察到,我將失去他們的尊敬。

_____

T F 51.治療中不需要有個人對個人的關係,因為只要治療者的技術能力夠,自然就會有效。

_____

T F 52.好的諮商員是天生的，不是培養出來的。

_____

T F 53.心理治療對當事人可能產生正面或負面的效果。

_____

T F 54.一個人除非坦開心胸去擁抱焦慮與傷痛，否則是不會有個
人的改變或成長。

_____

T F 55.身為諮商員，我希望自己能有彈性，使用的技術也能夠視
情況而修改，特別是輔導文化背景和自己不同的當事人
時。

_____

T F 56.身為諮商員，我希望自己能夠客觀，並且不要跟當事人有
非業務上的任何牽涉。

_____

T F 57.身為諮商員，我不應批判當事人的行為，因為心理治療與
價值判斷是不相容的兩件事。

_____

T F 58.如果我對當事人產生強烈的感覺（例如憤怒或性吸引），那
麼我已經無法再輔導對方了，此時我應該中止治療關係。

_____

T F 59.在任何情況下，碰觸當事人都是不當的。

_____

T F 60.我不會接納那些非自己志願前來的當事人。

_____

2 諮商員——具人性之專業人員

態度與信念自評量表

（說明部份請參照第一章）

1.以下何項是決定治療結果之「最重要」因素？

    a.諮商員的技術。

    b.諮商員的理論取向。

    c.諮商員是何種人。

    d.諮商員人生經驗的品質。

    e.＿＿＿＿＿＿＿＿＿＿＿＿＿＿＿

2.在諮商員的眞誠中，何者是最重要的要素？

    a.願意對當事人完全開放所有事情。

    b.關懷當事人。

    c.樂於面質當事人。

    d.示範那些諮商員期望當事人能具有的特質。

    e.＿＿＿＿＿＿＿＿＿＿＿＿＿＿＿

3.下列何項是成功諮商員最重要的屬性（或個人特質）？

    a.生氣勃勃的程度。

    b.樂於改變的程度。

    c.樂於表現出眞正的自己之程度。

    d.已經解決掉具壓迫性的心理衝突之程度。

    e.＿＿＿＿＿＿＿＿＿＿＿＿＿＿＿

4.在你開始輔導別人之前，對於自己先接受心理治療，你抱持著何種立場？

a.我不覺得有此必要，因為我沒有什麼問題。

b.我很願意接受。

c.我認為獲得這方面的體驗是一種道德上的要求。

d.在強迫之下我才會接受。

e. _____

5.如果你成為當事人，則在治療歷程中你最關切探討的是什麼？

a.我想成為諮商員的理由。

b.過去那些未竟事務的情境，特別是與父母之間的關係。

c.害怕自己過於投入在當事人的問題中。

d.焦慮自己無法有效地輔導各種當事人。

e. _____

6.當你開始成為一位諮商員時，下列何者最令你「焦慮」？

a.缺乏有效的知識或技能。

b.犯下傷害到當事人的過失。

c.使當事人對我要求太多，而自己又無法滿足其要求。

d.發現自己真的無法成為一位出色的諮商員。

e. _____

7.當你思考以「真正的自己」來擔任諮商員時，你最先想到什麼？

a.扮演專家的角色，但仍保留人的本性，並跟當事人做個人對個人的接觸。

b.不預設任何角色的立場。

c.視當事人為我的親密朋友。

d.說出我在治療回合中所想到與感受到的，這當中沒有想到自己。

e. _____

8.你認為諮商員的自我坦露應如何才是「適當」與具有「激發效果」的？

　　a.做對自己當時感到舒服的事情。

　　b.觀察當事人對我的坦露有那些反應。

　　c.觀察當事人投入更深層的自我探索之程度。

　　d.評估我的坦露有多大的風險。

　　e._____

9.何時是向你的當事人做自我坦露的時機？

　　a.當他們提出要求，或當我感覺到他們有此需要時。

　　b.當我持續地有著正面或負面的感受時。

　　c.當我想要影響當事人去選擇某一作法時。

　　d.當治療回合中沒有發生太大進展時。

　　e._____

10.關於向當事人做自我坦露，你最擔心的是什麼？

　　a.擔心我說的內容並不切當，並因而把焦點從當事人身上移轉到我自己身上。

　　b.擔心我說的話使當事人不再尊敬我。

　　c.擔心失去專業人員的形象。

　　d.擔心我過於沈浸在自己的情緒中而干擾了當事人。

　　e._____

11.身為諮商員，對於「完美主義」你有何看法？

　　a.我會要求自己完美，這意味著我無法容忍在治療中犯下任何過失。

　　b.我所做的永遠是不夠的。

　　c.如果有一位當事人我輔導失敗了，我想我會就此毀了。

d.雖然我會盡全力做好工作，但不會要求自己永不犯錯。

e. _____

12.關於對當事人要坦白誠實一事，你的立場是

a.我會將我對於當事人的任何印象完全坦白地告知對方。

b.為了擔心損及治療關係，我會小心斟酌該說些什麼。

c.如果我認為自己無法有效輔導某位當事人，我會誠實告知對方。

d.如果我期望當事人對我坦白，則我最好也應坦白對待對方。

e. _____

13.關於在治療時的「沈默」，你的看法是

a.我會有受到威脅的感覺，並會想到自己做錯了事。

b.我會問當事人一些問題，讓對方重新再出發。

c.我會跟當事人討論我對於彼此沈默時的感受。

d.我會堅持，等當事人來打破沈默。

e. _____

14.關於當事人治療上的進展，你如何防範當事人的自我欺騙與你的自我欺騙？

a.我會要求當事人展現他聲稱已經突破的改變。

b.我會跟當事人討論這方面的傾向。

c.對當事人所說的大部份，我都會持高度的懷疑。

d.我會在真正看到當事人的進步時，才肯定自己的成績。

e. _____

15.對於在諮商中「提供忠告」，你的看法是

a.因為我認為諮商歷程在於引導當事人，所以如果我發現當事人有此需求時，我會這麼做。

b.因為會使當事人依賴我，所以我很少會這麼做。

c.如果不這麼做的話，我會認為自己不曾協助過對方。

d.我想當我強烈認定他們應選擇何種方向時，我會這麼做。

e. _____

16.對於在治療中運用一些「幽默」，你的看法是

a.笑聲具有潛在的療效，所以我會常用。

b.我想在氣氛不太對的時候，我會這麼做。

c.我會避免，因為這會輕易地轉移當事人對嚴肅課題的注意力。

d.我會在當事人陷入「沈重的情緒」時使用，使情況光亮一點，避免我們都一起憂鬱下去。

e. _____

17.你想如何培養自己的諮商風格？

a.緊密地遵循一種理論取向。

b.模倣一位指導老師。

c.混合好幾種理論取向。

d.把我輔導當事人的過程與經驗記錄下來，不時地翻閱咀嚼。

e. _____

18.你想使你在工作中產生「耗竭現象」的主要原因是什麼？

a.沒有在當事人身上看到我所期望的結果。

b.在機構中工作得不愉快。

c.我的熱誠與樂觀受到同事們的批評。

d.對於一再接觸到老問題感到厭煩。

e. _____

19.你認為如何做「最能」避免耗竭？

a.不要因自己的無助感與活力消失的現象而指責人或事。

b.找些時間去玩，並培養一些嗜好。

c.確保個人的需求能在工作之外的生活中得到滿足。

d.一旦發現自己對工作失去興趣或無法勝任時，立即辭職。

e. _____

20.身為諮商員，你預期你的價值觀在哪些情況下會影響到諮商歷程？

a.在我的價值觀與當事人的價值觀差異很大時。

b.僅在我想動搖當事人來考慮我的思考方式與想法時。

c.幾乎都會，因為我的價值觀跟我的工作是無法分開的。

d.在我對於當事人的某些行為或價值觀有著強烈的負面反應時。

e. _____

21.以下何者最能說明你想成為諮商員的動機？

a.撫育別人的欲望。

b.矯正別人的欲望。

c.肯定自己的人生價值觀之欲望。

d.被人需要及感覺到自己在助人的需求。

e. _____

22.你個人對於價值觀在治療中扮演的角色之道德立場是

a.治療者永遠不能把自己的價值觀套在當事人身上。

b.治療者應教導當事人培養適當的價值觀。

c.治療者在適當的情況下應開放地跟當事人討論自己的價值觀。

d.價值觀應摒棄在治療關係之外。

e. _____

23.如果我對於當事人有強烈的感受（不論正面或負面的），我想我很可能會

a. 跟當事人討論我的感受。

b. 藏在心底，希望這些感受最後會消失。

c. 跟主管或同事討論我的感受。

d. 除非這些感受干擾了治療關係，否則視為自然的反應。

e. _____

24. 我將不認為自己已能輔導別人，直到

a. 我自己的生活全然沒有任何困擾。

b. 我以當事人的身份接受過心理治療的洗禮。

c. 我非常有自信，並認為自己會是個成功的諮商員。

d. 我培養出自我察覺的能力，並能持續地一再檢查自己的生活與各種關係。

e. _____

25. 如果當事人表現出強烈的喜歡或不喜歡我，我想我會

a. 協助對方突破這些感受並加以瞭解。

b. 如果是正面的，則讓自己樂在其中。

c. 把當事人轉介給另一位諮商員。

d. 把治療回合引導到較不具情感性質的領域去。

e. _____

如何應用自評的結果

1. 現在你可以選出幾項對你個人而言最具意義的項目，帶到課堂中討論，並跟其他同學加以比較，你很可能會找出這些項目為什麼對你最具特殊意義的理由。

2. 在討論時，你們可以彼此交換在完成這項自評量表時的心得，包

括因此而對於自己有那些進一步的瞭解。

3. 把第一章及本章的自評量表結合起來，探討你在這兩項自評量表
中作答情形之間的一致性。此時，若產生任何令你感興趣的問題，
我強烈建議你把它們帶到課堂中討論。在整個課程結束之後，不
要忘記回頭再流覽一下這些自評結果，並以小組討論的方式進行
討論，這將有助於檢查你在想法上的改變。

個人應用專題

價值觀衝突

提示：有時候你跟當事人之間會體驗到價值觀衝突，並使輔導工作
很難進行下去。本量表就是為了協助你確認出這些情況。作答時，
請使用以下定義：

　　1 ＝我確定我可以好好地輔導這種當事人。

　　2 ＝我可能會發現自己很難輔導這種當事人。

　　3 ＝我確定自己無法輔導這種當事人。

_____ 1. 一位懷孕的少女，她想探索自己那些該不該去墮胎的感受。

_____ 2. 一位少男，他認為「依賴藥品」及「活在藥品中」是生活的
方式。

_____ 3. 一對男同性戀者想探索關係上的問題。

_____ 4. 一對女同性戀者想討論她們想領養一個小孩的欲望。

_____ 5.一個男子深陷在婚外情的糾葛中，但自己並不想放棄。

_____ 6.一個女子深陷在婚外情的糾葛中，但自己並不想放棄。

_____ 7.一個非常獨斷的人，他確信自己所有的問題會因自己的所做所爲均依照神的意志，並以神爲生活的中心而迎刃而解。

_____ 8.一個非常排斥任何宗教的人，她想探索自己在這方面的負面感受。

_____ 9.一位信奉正統基督教非常虔誠的人，他（她）不願在諮商中探索其宗教信念。

_____ 10.一位當事人，他的基本信念包括爲了自己的利益而會去利用與剝削別人。

_____ 11.一位患有愛滋病而又不打算告知其配偶的人。

_____ 12.一位深信人應該有能力自己解決自己的問題，以及心理治療對於協助任何人做成現實生活上的改變並無效果的人。

_____ 13.一位對於不同種族懷有許多偏見與敵意的人。

_____ 14.一位深信自己是對的，而又一直想把自己的價值觀套在別人身上的人。

_____ 15.一位已婚婦女，她想離家以便「從此掙脫所有的責任與束縛」。

你可能想探討的一些問題

1.那一種當事人由於價值觀的衝突可能使你產生輔導上的困難？

2.面臨上述的當事人時，你會如何處理？

3.你有哪些重要的價值觀與信念？你認爲這些價值觀與信念會如何阻撓或促進你擔任一位諮商員？

4.關於價值觀衝突如何影響諮商歷程，你可以請教幾位有經驗的諮商員。屆時你可以請教如下的問題：「那一種當事人由於價值觀衝突使你產生輔導上的困難？你的價值觀會如何影響你的諮商實務？你的價值觀會如何影響你的當事人？有哪些價值觀方面的議題是當事人會帶到諮商中的？」

　　我建議以小組討論的方式彼此交換個人的想法與作法，並且如果再採用角色扮演的方式，則感觸會特別深，效果也會特別好。

建議活動：建立個人對諮商與心理治療的看法檔案

提示：針對以下問題，寫下你個人的答案，答案無關正確或不正確。在做答時，要抓住你心中那些立即性的反應。最後，可以把這些答案帶到課堂中去討論。

　1.你認為自己具有那三項特質（或長處）是你成為一位諮商員的本錢？ ＿＿＿＿＿＿＿＿＿＿＿＿＿＿＿＿＿

＿＿＿＿＿＿＿＿＿＿＿＿＿＿＿＿＿＿＿＿＿＿＿＿＿＿＿

　2.你認為自己有那三項缺點或值得反省的地方會阻撓你成為一位成功的諮商員？ ＿＿＿＿＿＿＿＿＿＿＿＿＿＿

＿＿＿＿＿＿＿＿＿＿＿＿＿＿＿＿＿＿＿＿＿＿＿＿＿＿＿

　3.對於開始擔任諮商員的工作，你有哪些特定的憂慮或恐懼？ ＿

＿＿＿＿＿＿＿＿＿＿＿＿＿＿＿＿＿＿＿＿＿＿＿＿＿＿＿

　4.如果要求你在拿到學位前先接受心理治療，你的反應會如何？

_____

_____

5.在哪些情況下，你會提供忠告給當事人？_____

_____

6.如果你的當事人在價值觀方面跟你嚴重牴觸，並且會阻撓到治療關係的建立，此時你可能會怎麼做？_____

_____

7.假設你不喜歡某位當事人，並且不想輔導他，此時你會怎麼對他（她）說？_____

_____

8.對於當事人自我欺騙，說他已有很大的進展時，你會如何處理？

_____

_____

9.對於當事人一再地要求你提出建議去引導他的生活，你會怎麼跟他說？_____

_____

10.假設有位當事人持續地在不恰當的時刻打電話到你家，想跟你討論在治療回合中所說過的那些話，你會如何回應？_____

_____

11.你有哪些人生經驗，你認為會影響到自己成為一位諮商員的能力？_____

_____

12.你認為自己的價值觀對於你引導當事人為治療歷程訂定目標的能力會有如何的影響？_____

_____

13.你認為你與當事人之間應如何劃分責任的分攤？＿＿＿＿＿＿

＿＿＿＿＿＿＿＿＿＿＿＿＿＿＿＿＿＿＿＿＿＿＿＿＿＿

14.你認為該如何學習在諮商中適當地使用技術？＿＿＿＿＿＿

＿＿＿＿＿＿＿＿＿＿＿＿＿＿＿＿＿＿＿＿＿＿＿＿＿＿

15.如果你在諮商中建議使用某項技術，而當事人卻拒絕參與，這
對你會有何影響？＿＿＿＿＿＿＿＿＿＿＿＿＿＿＿＿＿＿＿

＿＿＿＿＿＿＿＿＿＿＿＿＿＿＿＿＿＿＿＿＿＿＿＿＿＿

16.如果你應徵一項諮商員的工作，面談時你如何回答以下問題：
「你如何定義諮商員的角色？」＿＿＿＿＿＿＿＿＿＿＿＿＿

＿＿＿＿＿＿＿＿＿＿＿＿＿＿＿＿＿＿＿＿＿＿＿＿＿＿

17.如果你所服務的機構使你無法在實務中忠於自己的價值觀與想
法時，你會如何回應？＿＿＿＿＿＿＿＿＿＿＿＿＿＿＿＿＿

＿＿＿＿＿＿＿＿＿＿＿＿＿＿＿＿＿＿＿＿＿＿＿＿＿＿

18.你知道你生活中的那些因素，以及你人格中的那些構面最可能
助長工作中的耗竭現象？＿＿＿＿＿＿＿＿＿＿＿＿＿＿＿＿

＿＿＿＿＿＿＿＿＿＿＿＿＿＿＿＿＿＿＿＿＿＿＿＿＿＿

19.為了避免耗竭，你會採取那些重要的步驟？＿＿＿＿＿＿＿＿

＿＿＿＿＿＿＿＿＿＿＿＿＿＿＿＿＿＿＿＿＿＿＿＿＿＿

20.你認為如何才能使你一方面過正常人的生活，另一方面又能勝
任諮商員的工作？＿＿＿＿＿＿＿＿＿＿＿＿＿＿＿＿＿＿＿

＿＿＿＿＿＿＿＿＿＿＿＿＿＿＿＿＿＿＿＿＿＿＿＿＿＿

涉及價值觀處理的案例

提示：以下所提供的案例可做為角色扮演及討論之用。最好是由某個人扮演當事人，而其他人則依各個案例分別輪流扮演諮商員。我發現這種方式的效果相當好，身歷其境的學生對於自己的價值觀會促進或阻撓治療工作的進行，將產生深刻的印象。

1. 不曾質疑過宗教信念的當事人

　　布蘭達二十二歲，因為與家人的相處問題而前來尋求諮商。她說，在經濟與情感上她覺得要仰賴父母，並且雖然她想搬出去與朋友同住，但對於跨出這一步卻有著許多害怕。她還指出，宗教對她極為重要，與父母之間的衝突會使她感受到很大的罪惡感。經過一些討論之後，你發現她不曾質疑過自己的宗教價值觀，而且似乎全盤接受父母的信念。布蘭達說，如果她能夠更緊密地遵循她的宗教，她將不會有以上所述的一切問題，也就不需要尋求諮商。她尋求諮商的目的是希望「感覺自己是個更獨立的成人，可以自由地做自己的決定」。

■ 輔導布蘭達時，你最初會從何處入手？以她所說的目標？以她的宗教信念？以她害怕搬到外面去住的恐懼感？以她跟父母之間的衝突，及因此衍生的罪惡感？以她想追求獨立卻又脫離不了依賴別人的心理衝突？

■ 你自己的宗教價值觀會不會影響你輔導布蘭達的方向？

■ 你是否看出她依賴父母，跟她因未能更緊密地遵循其宗教信仰而

感到罪惡，這兩件事之間有無任何關連？

2.徬徨於墮胎決定的女子

　　瑪蓮娜是位二十五歲的拉丁裔女子，她想去墮胎。她已結婚三年，育有二子，她說：「我們必須結婚，因為我懷孕了。當時我們沒有錢。第二個孩子也不是計畫下的產品。但是現在我們真的沒辦法再負擔第三個小孩的費用。」瑪蓮娜的丈夫是個警員，晚上又要到法律學校去進修。她一直扮演家庭主婦的角色，但打算等丈夫的課程結束時，能立即返回大學重拾課本，她形容這是她的一個「轉機」。丈夫須明年才能結束課程，因此如果生下這個小孩，不但阻撓她的復學計畫，也會使原本就不佳的經濟狀況更為吃緊。但是瑪蓮娜在報告中指出：

　　我撥出電話，但就是說不出話來。每次似乎就是無法跟醫院約個時間去進行墮胎手術。我不是很虔誠的天主教徒，並且我總是認為如果該墮胎那就墮胎吧。我到底出了什麼問題？我又該怎麼辦？肚子一天天大起來，我真的沒有多少時間了！

- 根據上述資料，你認為有哪些主要的價值觀問題必須去探索？
- 你會多強調在諸如阻止她打電話去預約手術等因素上的探索？對於她那種想墮胎又不想墮胎的心理衝突呢？
- 如果她請你提供忠告，你會說什麼？如果你提供忠告給她，那麼此一忠告可能讓你瞭解到自己是怎樣的人嗎？
- 你對於墮胎的看法會如何影響你輔導瑪蓮娜的干預措施？
- 如果你是在輔導瑪蓮娜好幾個月之後，才得知她有此心理衝突時，你會如何處理這個情況？

3.涉及文化與家庭背景的價值觀課題

麥克與亞咪由於面臨危機而來到你的辦公室。麥克二十二歲，來自那種有點控制性的義大利家庭。亞咪二十歲，來自那種講求權威的日本大家族，定居於加州已有五代了。他們想在秋天結婚，但擔心家族的反應。經過半年的試探，他們終因家族的反對而被迫分手。但是兩個月未見面之後，他們又開始秘密約會。為了結合，亞咪揚言不惜懷孕來造成既成事實，來對抗家族的杯葛。雙方家族目前還不知道他們的計畫，不過他們兩人知道他們必須要快，並決定尋求諮商的協助。

- 這個案子你會如何進行呢？
- 對於這兩個家族的那些資料你會有興趣？又，你會如何詢問取得呢？
- 你會把這兩個家族扯進諮商歷程中嗎？為什麼？
- 本案例中的價值觀課題是什麼？你又如何在諮商中加以探索？

4.適應兩種文化的困難

葛蕾達是個年輕女子，在美國已有半年了。她是道地的挪威人，由於嫁給美國大學教授而入美國籍。一到美國，葛蕾達就開始想家，並發現自己難以適應美國生活。她的丈夫在求婚階段相當關心她，但結婚之後，開始投入學術活動而跟她有點疏遠。當她想試著結交一些朋友時，感受到其他教授的妻子不太能接納她。現在她真正想要的是離婚，及一張返回挪威的單程機票。葛蕾達希望你能夠輔導她，但這當中還有一些複雜的因素。你是她丈夫的好友及學術上的同事。當你建議她另找其他諮商員時，她開始哭泣說，她跟許多美

國人在一起都不舒服，而跟你談話給了她很大的慰藉。她懇求你不要拒絕她。

- 你對於葛蕾達的回應是什麼？
- 當她懇求你不要拒絕她時，你會對她做些什麼或說些什麼？
- 你是她先生的好友兼同事這項事實，使你就必須把葛蕾達轉介給別的諮商員嗎？此時你對她真正的責任是什麼？
- 假設你並不認識她丈夫。你的哪些價值觀或人生經驗使你更能有效地輔導她？以及哪些價值觀或人生經驗會阻礙對她的協助？

5.想同時擁有婚姻與情人的婦女

蘿蕾塔與巴特前來尋求婚姻諮商。在第一次晤談時，他們倆人一起來。蘿蕾塔說，她很難再維持過去幾年那樣的婚姻生活了。她說她非常希望能跟丈夫建立起一種全新的關係。巴特則說他不希望離婚，並希望諮商能助他一臂之力。後來由於巴特必須加班，蘿蕾塔就一直單獨前來。她告訴你，她在外面另有一個男朋友，彼此已來往兩年了。對方是個單身男子，目前一直施壓要她做決定，但是她鼓不起勇氣狠心拋棄丈夫。她又說，對於婚姻生活的好轉，她實在不抱希望。但不管如何，她希望巴特能有幾次前來一起接受諮商，因為她不想傷害他。

- 根據蘿蕾塔私下跟你說的那些話，你會很想向她說些什麼？
- 如果蘿蕾塔的目標在於同時擁有婚姻與情人，你還願意輔導她嗎？為什麼？
- 你對於婚外情的看法，將會如何影響你輔導這對夫婦時所採取的干預措施？
- 你會鼓勵蘿蕾塔在往後的一次治療回合中，把她的婚外戀情告知

其丈夫嗎？爲什麼？

■「那個男友」向蘿蕾塔施壓要她抉擇這項因素，會影響到你在本案中所採取的干預措施嗎？

歧視傾向測驗

提示：這項自評測驗在於測試你自己對於文化多元性及兩性問題的敏感度、察覺力、及包容度。最重要的是，請你儘量地坦白做答，這將有助於使你更能察覺自己對於此等問題的態度與信念。

	強烈 不同意	不同意	不確定	同意	強烈 同意
1.我認爲在嬰兒出生後的第一年裡，母親較適合待在家裡（不外出工作）照顧。	1	2	3	4	5
2.女性在商場上成功的容易度跟男性是一樣的。	1	2	3	4	5
3.我認爲承諾性行動方案（譯誌：爲消除歧視現象，對弱勢族群所採取的優惠措施）有助於消除歧視。	1	2	3	4	5
4.我認爲我可以跟不同種族的人形成親密關係。	1	2	3	4	5
5.所有美國人應該學習講兩種語	1	2	3	4	5

	強烈 不同意	不同意	不確定	同意	強烈 同意

言。

6. 女性不曾擔任過美國總統這件
事使我不高興。　　　　　1　　2　　3　　4　　5

7. 一般而言,男性在工作上比女
性勤奮努力。　　　　　　1　　2　　3　　4　　5

8. 我的朋友群中有各種各樣的人
種。　　　　　　　　　　1　　2　　3　　4　　5

9. 我反對在企業界也執行承諾性
行動方案。　　　　　　　1　　2　　3　　4　　5

10. 一般而言,男性比女性較不重
視關係的建立。　　　　　1　　2　　3　　4　　5

11. 我的兒子或女兒跟種族不同的
人拍拖,我不會有異樣的感覺。　1　　2　　3　　4　　5

12. 弱勢族群的成員不曾擔任過美
國總統這件事使我感到生氣。　1　　2　　3　　4　　5

13. 在過去幾年裡,教育界過於重
視多元文化與弱勢族群方面的
爭議。　　　　　　　　　1　　2　　3　　4　　5

14. 我認為女權主義者的主張在高
等教育的課程中應成為一項重
點。　　　　　　　　　　1　　2　　3　　4　　5

15. 我大多數的密友跟我都屬於同
一種族。　　　　　　　　1　　2　　3　　4　　5

	強烈不同意	不同意	不確定	同意	強烈同意
16.我認為目前由男性擔任美國總統會比較保險一點。	1	2	3	4	5
17.我認為讓我的小孩去就讀種族混合的學校是一件重要的事情。	1	2	3	4	5
18.在過去幾年裡，企業界過於重視多元文化與弱勢族群方面的爭議。	1	2	3	4	5
19.整個來說，我認為美國的弱勢族群對於種族歧視抱怨過度。	1	2	3	4	5
20.由女性來擔任我的主治醫師，我會覺得非常的輕鬆。	1	2	3	4	5
21.我認為美國總統應採取一致的行動去任命更多的女性與種族弱勢族群成員，擔任最高法院的職位。	1	2	3	4	5
22.我認為白人優越主義，在美國仍然是一項主要的問題。	1	2	3	4	5
23.我認為從初等至大學的教育體系，應鼓勵弱勢族群與移民者的小孩，學習與全盤吸收傳統的美國人價值觀。	1	2	3	4	5

	強烈 不同意	不同意	不確定	同意	強烈 同意
24.如果我要領養小孩,我寧願選擇同種族的小孩。	1	2	3	4	5
25.我認爲女性對男性施加的暴力,跟男性對女性施加的暴力一樣多。	1	2	3	4	5
26.我認爲從初等至大學的教育體系,應凸顯出不同文化的價值觀。	1	2	3	4	5
27.我相信閱讀Malcolm X先生的自傳是有價值的。	1	2	3	4	5
28.我樂於居住在鄰居是來自不同文化背景的社區。	1	2	3	4	5
29.我認爲同種族通婚會比較好。	1	2	3	4	5
30.我認爲女性對於工作中的性騷擾問題做了太多的訴求。	1	2	3	4	5

計分方式:在30題當中,有15題按你所圈選的答案去計分加總,然而有15題則須倒過來計分,也就〝5〞變爲〝1〞,〝4〞變爲〝2〞,〝3〞還是〝3〞,〝2〞變爲〝4〞,〝1〞變爲〝5〞。這15題的題號是1,2,3,7,9,10,13,15,16,18,19,23,25,29,30。總分的範圍由30至150,分數越高,表示你對於種族多元化與兩性平等有較高的察覺力、敏感度、及包容度。

建議活動：建立對於諮商實務中的多元文化課題之個人看法檔案

提示：簡答以下問題，並請注意此處的問題並不是要求你答出「正確」的答案，而是爲了刺激你去思考如何做才能成爲一位成功的多元文化諮商員。

　　1.對於文化背景跟你不同的當事人，你認爲自己會做得多成功？＿＿＿＿＿＿＿＿＿＿＿＿＿＿＿＿＿＿＿＿＿＿＿＿＿

＿＿＿＿＿＿＿＿＿＿＿＿＿＿＿＿＿＿＿＿＿＿＿＿＿＿＿＿

　　2.有一種特定的方式可以讓你的文化經驗有助於瞭解文化背景不同的當事人，這種方式是什麼？＿＿＿＿＿＿＿＿＿＿＿

＿＿＿＿＿＿＿＿＿＿＿＿＿＿＿＿＿＿＿＿＿＿＿＿＿＿＿＿

　　3.試舉例說明你的信念、態度、或假設可能會阻礙你輔導文化背景與你不同的當事人之效果。＿＿＿＿＿＿＿＿＿＿＿＿＿

＿＿＿＿＿＿＿＿＿＿＿＿＿＿＿＿＿＿＿＿＿＿＿＿＿＿＿＿

　　4.試舉例說明你的信念、態度、或假設可能會提高你輔導文化背景與你不同的當事人之效果。＿＿＿＿＿＿＿＿＿＿＿＿＿

＿＿＿＿＿＿＿＿＿＿＿＿＿＿＿＿＿＿＿＿＿＿＿＿＿＿＿＿

　　5.如何提高與增加對於多元文化方面的察覺能力與知識？＿＿

＿＿＿＿＿＿＿＿＿＿＿＿＿＿＿＿＿＿＿＿＿＿＿＿＿＿＿＿

　　6.爲了有效輔導在種族背景、年齡層、性別、生活方式、及社會經濟階層與你不同的當事人，你認爲你必須吸收哪些特定的知

識？_____

_____

　　7.你最希望能擁有何種技術，使你能有效地輔導各種不同文化背景的當事人呢？_____

_____

　　8.你會以哪些方式讓文化背景與你不同的當事人，對你訴說出他們的文化特質？_____

_____

　　9.何時、與為什麼你會將那些在文化背景、種族、社會經濟背景、宗教或價值觀體系、年齡、生活方式、或性別與你不同的當事人，轉介給其他的諮商員？_____

_____

　　10.面對成為一位成功的多元文化諮商員這項挑戰，你有何感想？_____

_____

3 諮商實務的道德議題

道德議題與問題

　　以下的問題對應著教本第三章各節的內容，請針對每項重要的道德課題，簡答你個人的立場。

1.緒論

　　由於你未來即將成為一位諮商員，請思考以下的陳述語句：「整個來說，諮商員發現，為了使『個人』產生顯著的改變，對於常常使個人產生問題，及使個人問題惡化的社會疾病已到了不能不聞不問的地步；也就是說，諮商員必須積極地從事建設性的社會改造。」

a.你認為這句話實際嗎？為什麼？

b.以你接受這句話為前提，那麼你能想像自己對於從事社會改造會有那些「具體」的作法？

c.如果你對於社會疾病無能為力，那麼你能想像自己會不會因此在輔導當事人時而產生無力感？

2.當事人的需求優於諮商員的需求

a.你認為你能夠把自己的需求從治療關係中剝離至何種程度？你能夠從輔導工作中滿足個人的需求，但又不會犧牲當事人的權益嗎？

b.你認為你個人的哪些需求，將有助於使你成為一位更成功的諮商員？

c.你認為你個人的哪些需求，將妨礙你成為一位成功的諮商員？

3. 道德上的決定

a. 請花些時間閱讀ACA（1995）與APA（1992）的道德準則。

b. 請以自己的話指出這些道德準則的哪些內容反映著以下五項基本的道德原則：

- 善行（beneficence）
- 避免傷人（nonmaleficence）
- 自主權（antonomy）
- 公正（justice）
- 忠實（fidelity）

c. 制訂的道德要求與期盼的道德要求之間最大的不同是什麼？

d. ACA與APA等道德準則對你有哪些方面的幫助？這些準則如何能夠成為催化劑，而使你去思考道德上的兩難情況？

e. 如果你面臨道德上的兩難情況，在做決定時你會採取哪些特定的步驟？

4. 當事人的一些基本權利

a. 大多數的道德準則均要求在建立起治療關係之前，應提供給當事人充份的資訊，使他們自己決定是否要接受諮商。在第一次及第二次的治療回合裡，你會跟當事人探討那些事宜？你認為哪些是當事人的工作？又，哪些是你的工作？

b. 假設督導員要求你們進行諮商實習時，須全程錄音，但是當你向當事人做此說明時，遭到對方拒絕，此時，你會對對方說些什麼？又，你會如何向督導員報告？

c. 假設你所任職的機構有一項政策，要求諮商員一碰到有吸毒習

慣的當事人，則須往上呈報，你自己很不以爲然。你是會遵守
此一政策，或是把當事人的秘密藏在自己心中呢？爲什麼？

d. 你認爲僅在當事人願意合作的情況下，諮商才會有效嗎？

e. 當事人的判斷跟你的判斷有衝突時，你會如何解決？又，如果
對方的判斷很顯然是一種自我毀滅時，你會如何處理？

f. 當你認定無任何進展而想中止諮商時，你會怎麼做？如果當事
人雖然承認自己並無進步，但拒絕中止諮商，此時該怎麼做？
又，如果當事人因爲感到孤單無依，而想跟你建立友誼關係而
不願中止諮商，則應如何處理？

g. 在當事人必須轉介而又無適當的轉介來源時，你會怎麼做？

5. 守密的構面

a. 關於守密的性質與目的，你會提供哪些資訊給當事人？如果當
事人詢問，在哪些情況下你會打破守密的原則，你會怎麼說？
在最初晤談的階段裡，你如何向當事人說明守密的限制？

b. 美國有一些州，允許兒童與青少年在不讓父母知情與同意的情
況下尋求心理諮商，對此作法，你同不同意？爲什麼？哪些特
殊的因素使這種作法顯得合理？爲什麼？關於守密的原則，你
會如何向這些未成年的當事人說明？

c. 假設你在社區醫療中心輔導一位國小學生。有一天，這位學生
的父母出現，想從你的口中知道諮商的進行情形。有哪些資訊
你將「不會」與他們分享？你如何一方面符合你對家長的責任，
又能同時隱瞞該學生對你吐露的秘密？

d. 你會如何向罹患愛滋病的當事人說明守密的限制？

e. 法院判例清楚指出，心理治療人員有示警與保護無辜的責任，

你認爲哪些指南可以幫助你去評估你覺得有上述責任的情況？

6. 自殺當事人的處理指南

a. 你認爲關於自殺當事人有哪些道德與法律課題？如果當事人透露，他（她）確定自己不想再活下去，並希望你不要阻撓時，你可能會如何處理？

b. 對於防止自殺，你有哪些正面的論點？有哪些反面的論點？

c. 關於自殺的傾向，有哪些常見的示警訊號？

d. 關於處理有自殺傾向的當事人，你認爲法律與道德之間有哪些潛在的衝突？

7. 多元文化觀的道德議題

a. 你認爲有無必要爲多元文化諮商另擬一組道德準則？爲什麼？

b. 你認爲應考慮哪些道德問題，如果當事人的種族背景與你不同？文化背景？性行爲傾向？年齡？身體機能殘障？性別？社會經濟背景？

c. 你認爲諮商實務受到文化的限制至何種程度？

d. 你的哪些人生經驗會有助於或妨礙你輔導種族及文化背景與你不同的當事人？

8. 評鑑歷程中的道德議題

a. 如果在晤談的初期，你任職的機構期望你依照DSM-IV診斷手冊來診斷當事人，這當中可能會有哪些道德上的顧慮？

b. 你認爲在評鑑歷程中，加進診斷乙節的價值性與限制性各如何呢？

c.你認為在諮商中使用測驗的道德指南是什麼？

9.諮商實務中的雙重關係

a.你是否認為雙重關係在任何諮商場合下都是無可避免的一部份？為什麼？

b.從教本的研讀中，試思考一下哪些雙重關係或多重關係你認為最有問題。又，你是如何判定此等關係不適當或不道德的呢？

c.如果你跟某位當事人涉入雙重關係，你能夠採取哪些步驟與作法以儘量減少傷害到對方的風險？

d.你能夠想出一些方法，使你能分別處理「可避免的」的雙重關係及「不可避免的」的雙重關係嗎？

e.你對於跟當事人建立起社交關係的看法如何？對於混合社交關係與治療關係，你各有哪些正面與反面的論點？

f.你會使用哪些指南來判定是否、及何時以非情色方式碰觸當事人？

g.諮商關係中的性接觸被形容為「專業亂倫」，你認為這對於當事人的潛在傷害是什麼？你認為可以採取哪些措施來避免？

h.你對於跟「以前的」當事人培養起浪漫的關係有何看法？你認為治療中止後的時間長短是不是一個重點？你想你可不可能為了要跟以前的當事人築起關係，而有意或無意識地加速治療歷程？

i.對於性吸引力的問題，你認為自己已準備得多好了？當事人向你傾訴說，你深深吸引他們時，你會如何處理？

10.諮商員的能力、教育、與訓練

　　a.如果你任職的機構，期望你提供那些你自認能力不足（缺乏該方面的教育或訓練）的心理服務，此時你會怎麼做？

　　b.假設你在一家社區機構擔任諮商員實習生，原先以為實習中會受到密切的監督，以及每星期會跟督導員做一次討論，但是事實上你碰到督導員的次數很少，時間也很短。一個學期就這麼過去了，至今你還不曾跟督導員私下請益過。這種情況下，你會怎麼做？

　　c.研讀過本章後，你看出在界定及評估自己的能力方面有哪些問題？如何在「我有足夠能力輔導任何當事人」及「不論我接受過多少訓練，我永遠知道得不夠多」，這兩種想法之間尋求一適當的平衡點？

關於道德議題方面的態度自評量表

1.在以下何種情況下，諮商員應中止治療關係

　　a.當事人決定中止。

　　b.諮商員判斷是中止的時候了。

　　c.當事人很顯然未能從治療中獲益。

　　d.當事人面臨著一個僵局。

　　e._____

2.關於守密，我的立場是

　　a.在任何情況下洩露當事人的秘密都是不道德的。

b.當諮商員判斷當事人可能會傷害自己或別人時，洩密並不算不道德。

c.若當事人的父母要求，則可透露當事人的秘密。

d.持有執照的諮商員才需要守密。

e. _____

3.當事人與諮商員之間的性關係是

a.道德的，如果是由當事人主動挑起的。

b.道德的，如果諮商員認為如此做最符合當事人的利益。

c.僅在雙方討論過並同意此種關係才是道德的。

d.任何情況下都是不道德的。

e. _____

4.關於對朋友們提供諮商服務的議題，我的立場是

a.可以接受的實務。

b.最好避免，並且僅在友誼關係不會干擾到治療關係時才能為之。

c.友誼與心理治療不應混雜在一起。

d.僅在朋友做此要求時才可為之。

e. _____

5.關於碰觸當事人的議題，我的立場是

a.碰觸是治療歷程的一部份。

b.碰觸當事人是不智的行為，因為可能會遭到誤解。

c.在當事人要求與諮商員更接近時，碰觸對方是合乎道德的。

d.僅在諮商員覺得很想如此做時才可為之。

e. _____

6 最能決定我輔導某類型當事人的能力之途徑是

a.在此領域裡受過訓練、督導，並獲得一定程度的經驗。

b.詢問當事人是否感覺獲益。

c.擁有高學歷與執照。

d.由工作性質類似的同事們來判斷。

e. ＿＿＿＿＿＿＿＿＿＿＿＿＿＿＿＿＿＿＿

7.如果我認為自己擔任實習諮商員時所受的督導不足，我會

a.向督導員反映。

b.尋求其他來源的訓練，即使必須付費。

c.無怨言地做下去。

d.藉由廣泛的閱讀、參加研習會、及與其他實習生彼此交換心得
等方式來彌補。

e. ＿＿＿＿＿＿＿＿＿＿＿＿＿＿＿＿＿＿＿

8.諮商員的持續教育

a.應由專業組織規定要求。

b.應由諮商員自行決定。

c.應成為換照時的一項必備條件。

d.對於願意敞開心胸學習新事物的諮商員很適當，但如果強迫要
求，只會流於形式。

e. ＿＿＿＿＿＿＿＿＿＿＿＿＿＿＿＿＿＿＿

9.我會把當事人轉介給另一位專業人員

a.如果當事人顯然未能從我這裡獲益。

b.如果我感受到我對於當事人有強烈的性吸引力。

c.如果當事人持續地激起我個人的創痛（使我想起我的母親、父
親、前妻等等）。

d.如果我對於當事人產生治療外的興趣。

e. _____

10. 關於與當事人之間的社交關係與個人關係之議題，我的立場是

　　a. 與當事人形成社交關係是不智的。

　　b. 一旦治療結束後雙方有此意願，這是可以接受的。

　　c. 對某些當事人而言，社交關係有助於建立起信任，進而可能會促進治療關係的開展。

　　d. 如果雙方同意，則混合社交關係與治療關係是合乎道德的。

　　e. _____

11. 我認為決定是否洩露當事人的秘密之方法是

　　a. 向督導員或顧問商量諮詢。

　　b. 與幾個同事討論。

　　c. 根據我的直覺與判斷。

　　d. 跟當事人討論，探一探他的意見。

　　e. _____

12. 如果我是個實習生，得知督導員鼓勵實習生進行一些不道德的行為，此時我會

　　a. 鼓勵那些實習生將情況向主管報告。

　　b. 我親自向主管報告此一情況。

　　c. 不聞不問，因為我真的無力改變什麼。

　　d. 假裝自己並不知情，以免惹禍上身。

　　e. _____

13. 我對於受人監視督導一事的看法是

　　a. 威脅到我獨立從事專業活動的地位。

　　b. 在我與當事人形成僵局時會很有幫助。

　　c. 是我可以一直尋求援助的方式。

d.可以幫助我個人與專業上成長的方式。

e. _____

14.如果我認為某當事人很可能自殺時，我會告知對方

a.對於他的任何決定，我會提供支持與協助。

b.應往各種好的方向去考量，使自己活下去。

c.我有道德與法律上的責任去防止他自殺。

d.我會向另一位專業人員諮詢意見。

e. _____

15.對於瞭解文化背景與我不同的當事人之價值體系

a.我認為瞭解其價值觀是我的責任，並且我不應把自己的價值觀
強加在當事人身上。

b.我會鼓勵他們為了生存而去接納強勢文化的價值觀。

c.我會試著修改諮商歷程，以配合他們的價值觀。

d.我必須去瞭解當事人所持有的文化價值觀。

e. _____

16.對於種族背景不同的當事人，我認為最重要的是

a.察覺那些影響這些當事人的社會政治力量。

b.瞭解語言如何阻撓跨文化諮商之有效進行。

c.轉介給種族背景與當事人相同的諮商員。

d.協助這些當事人修正他們的看法，使他們能被接受，並且不必
身受遭人排斥之苦。

e. _____

17.為了有效地輔導文化背景不同的當事人，諮商員必須

a.對於當事人所屬的族群有一定的認識。

b.能準確地「解讀」非語文訊息。

c.曾經跟當事人所屬的族群成員直接接觸過。

d.對待他們無異於與自己同一文化背景的當事人。

e. _____

18.如果我的哲學觀跟任職的機構之間有衝突，我會

a.鄭重地考慮離職。

b.試著去改變該機構的政策。

c.同意該機構對我的任何要求。

d.靜靜地做我想做的，即使必須迂迴進行。

e. _____

19.我認為下列何項是諮商員最不道德的行為

a.利用當事人去滿足他個人的需求。

b.促使當事人對他形成依賴。

c.在當事人顯然無法從治療中獲益的情況下，持續進行治療。

d.進行超越其能力的治療實務。

e. _____

20.我認為有道德的諮商員應該

a.在諮商中對於每項問題情況都知道如何正確地進行輔導。

b.遵循道德準則中的每項規定。

c.對於道德議題能不斷地自我檢查。

d.不去剝削或利用當事人。

e. _____

使用本自評量表的一些建議

- 完成之後，再檢視一遍。然後選一些題目帶到課堂中去跟老師與同學們討論。
- 回顧一下第一章的自評量表，比較你在兩份量表中的回答情形是否一致。
- 找一個同學來，然後比較你們兩人對每項議題的立場有何不同。
- 把全班同學分成幾個小組。各小組分別找一個主題討論，諸如守密、諮商員的責任、治療關係、諮商員的能力、諮商員的價值觀與需求等等。接著各組各推派一名代表報告該組所獲得的共識，最後全班再一起討論各種分歧的看法。

涉及道德兩難的案例研討

1.性吸引力的處理

你輔導當事人A已有六個月之久了，並發現你對A的性吸引力隨著諮商關係的發展而增長。由於你的吸引力，使你們變得越來越難把注意力集中在諮商歷程上。一方面你覺得A有點輕浮，但另一方面，你也開始懷疑自己的判斷力與客觀性。你發現你常會想到A，並且每次的治療回合裡，你們都喜歡把時間延長。對於A，你已經做過兩次涉及性的夢。雖然你關切A的最佳利益，但是你變得很難真正地傾聽，你也察覺到自己沈醉在被A喜歡與接納的狀態中。此時，你覺

得有點罪惡感，並很想知道在這種情況下，你的這些感受是否「正常」。

- 你認為案例所述的吸引力會帶來個人問題與專業問題嗎？如果會的話，那麼是如何產生的？
- 你可能傾向於將情形跟當事人討論嗎？為什麼？
- 你會將情形跟另一個專業人員討論嗎？或你的督導主管？或你自己的心理醫生？
- 你想你會繼續輔導A，或轉介給別人？如果是前者，你將如何處理你對他（她）的感受及他（她）對你的感受？如果是後者，你會以哪些理由讓對方願意轉介？

2. 當事人吐露衷情的處理

仍然考慮上一個案例。假設在你尚未決定如何處理之前，A在一次治療回合中對你表白：

有件事情我真的必須向你說。最近，我一直在想著你，而且我真的很希望能有更多的時間跟你在一起——在這個辦公室之外。你對我有很大的吸引力，不全然是性方面的吸引力，也包括你的為人與氣質，我是多麼希望能夠多瞭解你一點。此外，同樣重要的是，我也很想知道你對我的感覺。

- 當你傾聽A所說的這一席話時，你的想法與感覺是什麼？
- 你可能會對他（她）說些什麼？
- 你會如何處理A邀你外出約會的要求？
- 你認為你可能採取的作法中，涉及了哪些道德議題？

3.同事與以前的學生拍拖

　　你剛剛得知你的一位同事（你們都是學生心理衛生輔導中心的諮商員）跟他以前的一位學生有著異乎尋常的關係。他在十個月前輔導過這位學生。這位同事也傳授關於諮商技巧的課程，就在課程結束後，他們開始熱戀。輔導中心的人員對他們的關係傳述著許多閒言閒語，但這位同事都拒絕討論與澄清。他心中很想知道這是否違反了專業上的道德要求，以及是否違反了師生關係的道德要求。

- 對上述案情，你有哪些想法？你認為治療關係與師生關係之間有無任何不同之處？
- 就閒言閒語已滿城風雨的事實，你可能會對這位同事說些什麼？如果他拒絕討論，你可能又會做些什麼？
- 關於跟「以前的」當事人建立起社交關係或親密關係，你有哪些想法？除了治療中止後經過的時間長短之外，另外又須考慮哪些因素？
- 假設這位同事向你請益，一開始你可能會說些什麼？（本題是角色扮演的絕佳劇情）

4.同事們的種族主義傾向

　　如果你的同事們存在著種族主義傾向時，你會如何自處？你任職於都會區大醫院的精神治療部門，周遭的各種偏見讓你很不安。你已經聽到幾位諮商員以輕蔑的語句談論他們所輔導的當事人，同時你也很擔心某位白人男性諮商員心中對弱勢族群與女性的偏見，很可能妨礙他在輔導非洲裔女性當事人時的專業判斷。

- 你可能會去面質這位諮商員嗎？為什麼？

■ 你會想要問他些什麼或告訴他些什麼？

■ 在這種情況裡涉及了哪些道德課題？

5.關於守密的一些案例

　　研讀過教本關於守密的一般指南之後，試著思考一下你對下列案情的看法。

■ 你在社區的心理輔導中心輔導一位少女達三個月之久了，最近，她抱怨說她非常消沈，人生似乎毫無希望。她提到自殺，並向你請教自殺的細節該如何安排才會成功。由於她未成年‧你有責任把此一情況向她的監護人反映嗎？你會對這位當事人說些什麼？又，你可能會尋求哪些人的意見？

■ 有位當事人向你透露他偷了一些實驗室裡的昂貴設備。一星期後，院長打電話向你問及這位特殊的同學。此時，你會向院長說些什麼？有哪些你不會說呢？

■ 你任職的社區機構提供測驗與諮商服務給那些疑似罹患愛滋病的居民。你的同事們正在爭論著保護其他人不會受到當事人感染的道德與法律問題。此時，你會提出哪些論點？

■ 在諮商中，尚未成年的當事人告訴你，他將對他的一位同學施予嚴重的身體傷害。此時，你會對他說些什麼？又，你會如何處理這個情況？

■ 你的當事人是個十五歲的女孩，由父母送來接受諮商。有一天，她的父母前來討論其女兒的進展情形，以及看看有無他們可以幫忙的。此時，哪些資訊你會透露，以及哪些你不會鬆口？在接見其父母之前，你可能會跟這位女孩討論些什麼？如果她不願意你接見其父母，也不希望你告知他們任何細節，則你將會怎麼做？

第二篇 諮商的理論與技術

4 　精神分析治療法

章前自評量表

提示：本量表之目的，在於指出與澄清你對於各治療學派中的重要觀念與議題之態度與信念。在研讀教本內容之前，應先完成本量表的作答。接著，在研讀教材與經過課堂上的討論之後，再回過頭來重做本自評量表，看看自己原先的立場與看法有無改變。在做答時，應以自己真正的想法或感覺為憑藉，此處並不是要你答出所謂的「正確」答案，而是要發掘出你對於各項議題的看法。量表中的每項陳述語句都是某治療學派的主張中所蘊涵的假定。因此，本量表等於是在評估你同意或不同意該治療學派的假定之程度。做答時，請依照以下所述的數字系統：

　　5＝強烈同意

　　4＝同意

　　3＝不確定

　　2＝不同意

　　1＝強烈不同意

答完之後，可以跟同學們做一比較；並使用這些陳述語句做為課堂上討論的重點。

_____ 1.一旦當事人已澄清與接受自己目前的情緒問題，已瞭解其心理困擾的歷史性根源，以及能夠將這些察覺的心得與過去的關係做一整合時，就是即將中止治療的時刻了。

_____ 2.即使經由治療師的協助而突破移情現象中的許多層面，我

們幼年時期的心理衝突也許無法完全解決。

_____3.許多人都會讓我們產生移情現象，並且我們的過去對於我
　　　們目前正在蛻變成怎樣的人總是有著非常重要的影響力。

_____4.在治療中移情現象是相當有價值的，因為其顯現讓當事人
　　　有機會再次地體驗各種無法經由其他方式而浮現的感受。

_____5.瞭解人類行為之鑰，就是探索潛意識。

_____6.大部份的心理衝突都不是意識所能控制的，因為它們的來
　　　源受到壓抑而深藏在潛意識中。

_____7.即使我們感覺不到潛意識裡的東西，但是它們對於我們的
　　　行為卻有很大的影響。

_____8.六歲之前的發展，是決定成人人格的極重要因素。

_____9.大多數的人格問題與行為問題，根源於在幼年時期未能解
　　　決性心理發展階段的一些問題。

_____10.一個人對自己周遭的世界培養出基本的信任感是在六歲前
　　　進行的。

_____11.為了朝向健康的人格發展，一個人必須在兩歲與三歲時學
　　　習處理憤怒、敵意、及生氣等感受。

_____12.在正常的情形下，五歲的小孩會開始關切他們的性、他們的
　　　性別角色、以及他們的性感覺。

_____13.洞察、瞭解、及突破幼年時期那些遭到壓抑的素材，是治療
　　　中非常重要的工作。

_____14.治療者應儘可能不做任何自我坦露，並應維持匿名。

_____15.為有效地治療，當事人必須樂於投入長期與深入的治療歷
　　　程。

_____10.除非當事人能突破移情歷程，否則治療就不算完整。

_____17.分析與闡釋在治療歷程中是非常重要的要素。

_____18.讓當事人在治療中重新活在過去中是相當重要的。

_____19.除非能瞭解與處置當事人的問題之根本原因，否則就無法
產生有效的治療。

_____20.治療之基本目的在於讓潛意識裡的東西浮至意識層面。

精神分析治療法複習

主要人物與重點

原先的主要人物：弗洛依德與艾利克森。客體關係論提倡者：
茉勒。從歷史的發展來看，精神分析是心理治療法的第一派。精神
分析既是一種人格理論，也是一種人性的哲學觀，更是一種治療的
方法。

哲學觀與基本假設

雖然弗洛依德對人性的看法基本上屬於決定論，並著重在非理
性力量、生物與本能驅動力、及潛意識動機等因素上，但是精神分
析後來的發展強調社會因素與文化因素。當代精神分析的思潮強調
自我的發展及自我的分離化與個體化。

重要觀念

　　主要的概念包括：將人格區分為本我、自我、與超我；潛意識；焦慮；自我防衛機構的運作；及尋求過去的線索來解釋目前的困擾問題。健康的人格發展築基於在各個發展階段裡能成功地解決性心理與心理社會化之相對應課題。精神異常起因於在早期的發展階段裡未能完成重要的發展任務，或受制於固著作用。弗洛依德的精神分析基本上是本我心理學，而較新的精神分析治療法則屬於自我心理學。當代的趨勢強調人們終其一生的心理社會化之發展。

治療目標

　　主要的治療目標在於促使深藏在潛意識裡的東西浮至意識層面。精神分析與精神分析導向的治療法，這兩者都著重在經由分析抗拒與移情現象，讓自我去解決潛意識裡的衝突，進而追求自我的成長。治療的最終目標在於重建人格，而不僅止於解決立即性的困擾問題。

治療關係

　　在古典的精神分析裡，強調治療者的匿名性，目的是為了使當事人能將感受投射在治療者身上。現今，精神分析導向的治療法則強調治療者應與當事人維持客觀而超脫的關係，但毋須匿名。在治療關係中，移情與反移情現象是主要的核心要角。治療的焦點放在

出現於治療歷程中的抗拒現象、放在對這些抗拒的解析、以及放在藉著作業經歷法來處理移情現象中的感受。透過這個歷程，當事人可以去探索過去的經驗與目前的經驗之間的對應關係，從中獲得新的領悟，進而打下人格改變的基礎。

技術與程序

所有技術在設計上都是為了協助當事人獲得洞察，以及將遭到壓抑的素材拉抬至表面，使能在意識下加以處理。主要的技術包括：維持住分析架構、自由聯想、解析、夢境分析、抗拒分析、及移情分析。這些技術在於增強察覺力、獲得心智上的洞察、以及啟動作業經歷法歷程，以引導人格的重建。

應用

本治療法適合於那些想成為心理治療師的專業人員，以及曾接受過深層治療而想更進一步探索的人們。本療法通常是一種長期的療程，需要花費時間、金錢、及個人的投入。精神分析的觀念可應用於瞭解許多層面的行為之心理動力，以及諸如藝術、宗教、教育、與人類發展等領域。

貢獻

許多其他的治療模式因反對精神分析而發展出來。就貢獻而言，精神分析理論對於人格的形成提供了廣泛與詳細的解說，除了

強調潛意識在決定行為方面的合法地位外，也凸顯出幼年時期的發展之深遠影響，並提供探索潛意識的程序方法。對於非精神分析導向的從業人員而言，精神分析理論中的若干見解也可以拿來應用。諸如對抗拒現象與抗拒方式的瞭解，如何以作業經歷法處理幼年時期的創傷，使當事人不會受制於滯留作用，移情與反移情在治療關係中的顯現，以及自我防衛機構的運作等等。

限制

精神分析需要治療者受過長期的訓練，以及當事人投入大量的時間與金錢。本法強調洞察的角色，相形之下，對於行動方法的重要性未給予相對應的重視。本模式所根據的是對於精神病患的研究，而非健康的一般人。正統的弗洛依德學派強調本能驅動力，忽視社會、文化、及人際間等因素。因此，這種長期療法的技術應用在危機諮商、弱勢族群諮商、及社會工作上的價值性頗為有限。

重要名詞解釋

肛門期 (anal stage)：性心理發展的第二個階段，在此時期裡經由排泄物的停存與排放而獲得快感。

邊緣人格 (borderline personality)：一種人格異常，特徵是不穩定、易怒、有自我毀滅的行動傾向、及情緒變化起伏大。這種人缺乏對自己的認同意識，對別人的瞭解也不夠深入。

反移情(countertransference)：治療者將自己未解決的心理

衝突投射到當事人身上，屬於潛意識的情緒反應，會因此干擾到治療者的客觀性。

　　自我（ego）：人格的組成部份，負責調處外界的現實情形與內心的欲望需求。

　　自我防衛機構（ego-defense mechanism）：內心裡的運作歷程，屬於潛意識的範疇，目的在於避免人們受到威脅的侵襲，這些威脅包括各種會產生焦慮的想法、感受、及衝動。

　　自我心理學（ego psychology）：艾利克森的心理社會化取向，強調自我在生命各個階段裡的發展。

　　戀父情結（electra complex）：指女孩對父親的性欲望，以及因此對母親所產生的敵意。

　　滯留作用（fixation）：在某個性心理發展層次上遭到逮捕或「黏住」的狀態。

　　自由聯想（free association）：由當事人在未經思索的狀態下自發性地說出內心裡的話，以獲取潛意識裡的衝突之線索。

　　性徵期（genital stage）：性心理發展的最後一個階段。此時期的青少年對異性開始產生興趣。

　　本我（id）：人格的一部份，出生就俱有，它是盲目、要求、與堅持的，其作用在於解除壓力及恢復至穩定狀態。

　　認同危機（identity crisis）：一種發展上的挑戰，發生在青少年時期，即尋求建立對自己的穩定看法及界定自己在生活中的地位。

　　潛伏期（latency stage）：性心理發展的一個階段。緊隨在性器期之後，其特徵是在青春期的風暴來臨之前，這段時期相當寧靜。

　　原慾（libido）：本我的本能驅動力及精神能量的來源。

自戀 (narcissism)：極端的愛自己，相對於愛別人。自戀人格的特徵是誇大自己的重要性，對別人持剝削的態度，內心藏著不良的自我概念。

客體關係論 (object-relations theory)：一種較新的精神分析思潮，焦點放在可預測的發展序列上，即自我幼年的經驗隨著知覺到別人而擴大，會經歷自閉、共生、及分離與個體化等階段，整合感漸漸增強。

戀母情結 (oedipus complex)：潛意識裡男孩對母親的性欲望，同時產生對父親的敵意與恐懼。

口腔期 (oral stage)：性心理發展的第一個階段。在此時期裡，嘴是滿足的主要來源；也是嬰兒學習信任或不信任這個世界的時期。

性器期 (phallic stage)：性心理發展的第三階段。在此時期裡，小孩子從性器的直接體驗而得到最大的滿足。

心理動力 (psychodynamics)：各種對抗力量之間的相互作用及內心的衝突，是瞭解人類動機的基礎。

性心理發展階段 (psychosexual stages)：弗洛依德依年齡而提出的發展階段，始自剛出生的嬰兒。每個階段的特徵在於獲得感官滿足與性滿足的主要方式。

心理社會化階段 (psychosocial stages)：由艾利克森提出，主張人自出生至老年，如果要有一個成熟的人格，則各個階段都有各項心理任務與社會任務必須完成。

反向作用 (reaction formation)：為了防範具有威脅性的衝動，人們可能會主動地表現出相反方向的衝動。

壓抑 (repression)：一種防衛機構，即人們會將那些具威脅性

或令人痛苦的想法或感覺排除在知覺之外。

抗拒 (resistance)：指當事人不願意把那些已經壓抑下去的素材再帶到知覺上來。

超我 (superego)：人格的一部份，代表人們所受到的道德訓練與洗禮，它致力於追求完美，而不是享樂。

移情 (transference)：指當事人將過去對重要人物的正向、負向情感或幻想在潛意識下轉移到治療者身上。

潛意識 (unconscious)：指儲存了許多經驗、希望、衝動、及記憶，在知覺不到的狀態下運作的心理功能，目的在於保護人們不會受到焦慮的侵襲。

作業經歷法 (working through)：解決顯現在當事人與治療者的關係中之基本衝突的歷程；係藉著一再地解析及探索各種抗拒的形式。

討論問題

1. 「精神分析導向的心理治療法並不是從弗洛依德傳下教義之後就永遠不能改變的；事實上，本療法是為了協助解決人們的心理問題而一直持續在發展的療法，它是處於動態的改變中。」請找出一些證據來支持上述的論點。弗洛依德學派的修正者與當代的精神分析學者有哪些看法你認為對自己最有價值？

2. 精神分析學派特別強調幼年時期性心理的發展，你是否找得到證據來支持「一個人目前的問題根源於六歲以前的重要事件」之說法？如果把上述的觀念用在你身上，你認為你幼年時期的經驗與

你目前的人格之間有哪些關聯呢？又，艾利克森對於性心理發展有哪些補充呢？

3. 試比較容格與弗洛伊德對人性的看法，特別是關於過去如何影響目前的人格結構方面。這兩種人類發展的看法對於諮商實務有何涵義？

4. 身為諮商員，許多精神分析的技術如自由聯想、夢境解析、探索潛意識、及抗拒與移情的解釋與分析等等可能不適合你用，或可能超乎你所受過的訓練。但不管如何，哪些精神分析的觀念對於你深一層瞭解人類行為能提供一個有用的架構？你認為精神分析的觀點跟身為諮商員的你，有何潛在的關聯呢？

5. 「分析師為了孕育移情關係，應維持溫和的超脫（detachment）、客觀、及匿名。」扮演這樣的角色，你認為有何治療價值？你認為治療者若自我坦露對於治療歷程會有何影響？

6. 即使你不使用精神分析技術，你認為精神分析的觀念中有哪些是有效的，而且可整合到諮商實務中？試討論這些觀念的用途。

7. 精神分析學派相當重視治療者須能察覺自己的需求及對當事人的反應（即對反移情的察覺）。目前你認為當事人的哪些行為對你而言會最難處理？你能察覺到你有哪些創傷、未解決的私事、或未滿足的需求，可能會干擾到你身為諮商員的客觀性與輔導效果？你可能會如何處理你的反移情反應？

8. 精神分析學派認為焦慮大部份起源於人們為了壓抑與埋葬那些潛意識裡的衝突，並認為自我防衛機構在發展上是為了協助人們抑制焦慮。這些看法對於你輔導當事人會有哪些涵義？你認為自我防衛機構是否必要？如果你能成功地排除掉當事人的防衛，情形可能會如何？

9. 對於精神分析學派的人格發展觀點，你的評價如何呢？試考慮幼年時期的發展階段，特別是關於各階段裡的基本需求如何得到充分的滿足。你認為探索當事人在幼年時期的心理衝突與未滿足的需求等領域是否必要或重要？你相信人們能夠解決其成人問題而不必去探索過去的根源問題嗎？對於一個人的過去，你會強調至何種程度？

10. 你能夠將精神分析理論應用在自己個人的成長上嗎？這個理論能幫助你更深層地瞭解自己嗎？如果肯定的話，是在哪些方面呢？

建議活動與練習

1. 寫一封信給弗洛依德。告訴他你認為他對於心理學有哪些貢獻，以及他的理論可以如何應用在你的生活上（或如何行不通）。把這封信帶到課堂上，跟其他同學分享。

2. 重讀教本中關於幼年六歲左右時的重要性，然後：

   a. 寫下幾個關於你自己從出生至六歲的性心理與心理社會化發展的問題。

   b. 向你的親人請教這些問題。

   c. 收集任何幼年時期的蛛絲馬跡。

   d. 可能的話，重遊你小時候住過的地方。

   e. 試著回答你自己所提出來的問題。

   f. 將你幼年時期在發展上的重要影響因素畫成一個圖表。

   g. 如果老師要求的話，把你的圖表帶到課堂上，然後以小組討論的方式彼此交換心得，探討幼年時期的發展歷史如何影響你日

前的生活。

3. 自己一個人在家裡做自由聯想。準備好錄音設備，然後大聲說出「停留在腦海中」的任何東西，時間大約是十五至二十分鐘。接著傾聽幾遍，寫下這卷錄音帶中大約十個關鍵字詞。然後，換另一卷錄音帶，環繞著這十個關鍵字詞再做一次自由聯想。做完之後，再傾聽幾遍，你聽到了什麼？有無任何重覆出現的型態？你可以把以上自由聯想的經驗帶到課堂上討論。

個案範例

傑克：害怕「內心空虛」

以下是我的一個學生在實習期間所透露的心聲，當時他同時接受著個體諮商與團體諮商：

在我大部份的生活裡，我的感覺是一直被人推過來拉過去。父親逼我上學校，逼我參加球隊等等，也由於他總是指揮著我的生活，以及稍有不從即對我飽以老拳，我對他的怨恨是與日俱增。母親總是給我溫暖、無條件的愛，以及把我拉到她那保護的羽翼下，但這卻是我一直抗拒的事情。

在我十六歲那年，他們離婚了。在沒有人管束的情況下，我開始過著放浪的生活，除了大搞男女關係之外，也吸食迷幻劑與大麻。

大學一畢業，父親要我繼續深造，我拒絕了。當時我寧願過著

為今日而活的日子，一種享樂派的生活方式，沒有任何具體的目標或抱負，對於「一個男人應該要如何如何」完全沒有概念。

我就這樣浮浮沈沈。在別人眼中，我是個女性的玩弄者，一個吸毒者，以及一個冷酷的傢伙。我的恐懼是，我似乎就是以上所述的那樣，也就是內心裡一片空虛。我希望能夠讓人們看清我也有溫暖、善感的一面，但是我極難做到。我強烈需要與別人建立起密切與親密的關係，然而我永遠也不想顯露出自己的弱點，因為我害怕變得依賴他們，被他們的愛所擄獲。

你會如何輔導傑克？

假設傑克前來尋求你的個別諮商，而你所知道的一切就是以上他所寫的告白。請依照「精神分析」的理論架構，回答以下問題：

1. 你認為傑克目前由於害怕「變得依賴別人，被他們的愛所擄獲」而不願在別人面前顯露弱點，跟他母親給予他無條件的愛是否大有關係？

2. 傑克母親的「溫暖、無條件的愛」是真的毫無條件嗎？你認為她的條件是不是為了使傑克「躲到她那保護的羽翼下」？這一層經驗跟傑克目前與女性的關係之間可能會有如何的關聯性？

3. 傑克描述父親是個權威、控制型、與殘忍的人，對於希望傑克以後成為怎樣的人，顯然都屬於傳統的想法。你認為在傑克對父親的期望之抗拒中，隱含著哪些心理因素？對於傑克在許多方面偏偏往父親不期望的方向走，你可能會如何解釋？

4. 你可能會如何處理傑克恐懼自己充其量不過是「女性的玩弄者、吸毒者、及冷酷的傢伙」？

5. 你如何解釋傑克害怕「自己內心一片空虛」？有哪些可能的原因造

成他的空虛感？就此一課題，你會如何輔導他？

6.你還想知道傑克的哪些面？在他的案例中，你會著重在哪些特定的因素上？又，你會擬訂怎樣的治療計畫？

吉姆：變童戀者

假設你任職於州立精神醫院，該機構專門為心理異常的性侵犯者做心理復健。你的主管認為，精神分析學派的觀點對於瞭解這一類患者的心理動力最為有用。雖然他充分瞭解你們多數人在使用精神分析的技術上受到時間與技能訓練方面的限制，但認為你們可以藉用精神分析的「觀念」來導引治療的進行。於是在一次開會中，這位主管舉了吉姆的案例，說明精神分析學派的觀念如何解釋當事人的心理發展。

一些背景資料

吉姆的母親對於兒子的保護與控制顯得過度，即使是現在，她依然不時提醒吉姆說，從他出生那一刻起，她就為他犧牲了許多，吃盡了苦頭。生吉姆時，她差點死掉，並且這麼多年來，難產的後遺症揮之不去。吉姆是家中五個小孩中唯一的男孩，在心理上他最後決定盡力使自己符合母親的期望（自己的想像）。他變得超重，性情變得被動與優柔寡斷（特別是跟女性相處時），以及逃避跟女性建立起持續性的關係，就這樣過了五十年。

在吉姆的心目中，父親相當脆弱且不具親和力。在自白報告中他說，他不曾記得跟父親一起做過任何事情。父親絲毫不關心他，對他典型的反應就是忽視他。吉姆的父親受制於吉姆的母親與吉姆

的內祖母（跟他們住在一起）。在回憶中，吉姆記得母親與祖母之間存在著摩擦，雙方都在爭奪對家裡的操控權。吉姆若取悅母親，將會使祖母不高興；若取悅祖母，也會使母親不高興。

在幼年時期，吉姆很羨慕姊姊們，因他覺得她們受到較公平的對待，最後，這種羨慕轉為一股怨恨。長大之後，他變得畏懼年齡比他大的女人，因為他一直認為她們會擺佈他、操縱他。他跟別人相處的時間一直不夠，因此他很難跟同性或異性的成人建立起令人滿意的關係。

吉姆發現自己跟小孩子在一起時相當自在，特別是小男孩。他們似乎喜歡他，不會對他頤指氣使，而且他覺得跟他們在一起時他不會有低能的感覺。在二十幾歲的時候，他有一陣子擔任小學的助教。這時他開始出現猥褻小男孩的行為。他會邀請一些小男孩爬到他的膝蓋上，然後撫摸他們的頭髮與擁抱他們。最後，他會進展到碰觸這些小男孩的性器，也鼓勵他們碰觸他的性器。這種行為就一直持續下去，直到他被捕。

猥褻小男孩的行為使他進出州立精神病醫院好幾次。他認為他並沒有傷害到這些小男孩，而且自認為對他們「非常好」。他甚至辯護說，這種身體的接觸也使他們樂在其中。不過有時候，他也會感到自己做錯事，對自己的行為產生罪惡感。他不認為自己的行為是正常的，但是即使想加以控制，卻總是抵擋不住內心的衝動。他說他希望能夠學習控制他的欲望，以及學習與成年人好好地相處與建立關係。

討論問題

請讀者在精神分析學派的架構下，思考自己會如何進行輔導吉

姆，並以下列的問題做為思考的綱領：

1. 你認為瞭解吉姆的發展歷史、家庭背景、幼年與青少年時期的學校經驗、工作歷史、及其他成人經驗，會有哪些價值性？如果對於他的過去一無所知，而只是從接觸中觀察到他的一些行為，這對於你輔導他會有何不同？

2. 對於一位中年人去猥褻小男孩這件事，你本能的反應是什麼？這種反應對於你輔導他的治療能力會有哪些方面的影響？你如何使對上述現象的反應不會成為你跟吉姆之間的障礙？

3. 你認為吉姆能夠在未獲得任何洞察（對其行為問題的根本原因）的情況下而停止其猥褻小男孩的行為嗎？對於他去瞭解自己在幼年時期的經驗，你認為有多重要？解決他跟母親與祖母之間的心理衝突呢？解決他對於父親的感受呢？如果你認為把注意力集中在上述課題上會很有價值的話，你「如何」在有限的時間內進行輔導他呢？

4. 你是否認為吉姆是其幼年經驗的受害者？或者你認為即使吉姆在成長過程中遭遇那些負面的經驗，但是他現在仍然能夠盡一點力去改變其行為呢？你對於上述問題的看法會如何影響你輔導吉姆呢？

5. 當你輔導吉姆時，你主要的治療目標是什麼？只是阻止他那些猥褻的行為嗎？改變他基本的人格結構嗎？或只是引導他自己做決定，看自己該如何面對使他身陷精神病院的問題？

綜合測驗

注意：附錄中附有本測驗的答案，每題四分，滿分一百分。我建議讀者把自己認爲有待進一步澄清的問題帶到課堂中去討論。我的經驗是，上述的作法會引發生動的討論，使學生更加清楚自己的立場。

是非題

T F 1.心理社會化的觀點並不全然與性心理的發展觀點相容。

T F 2.小孩子如果沒有機會經歷過自己與別人分離化的歷程，則長大後會產生自戀性人格異常。

T F 3.Heinz Kohut是當代的精神分析理論家。

T F 4.性器期通常發生在一至三歲左右。

T F 5.分析性的治療法是以獲得洞察爲導向。

T F 6.作業經歷法 (working through) 幾乎全然是淨化作用 (catharsis) 後的結果，包括把深埋的情感挖掘出來。

T F 7.從弗洛依德的觀點來說，抗拒通常是有意識的歷程，或當事人頑固的表現。

T F 8.艾利克森取向是有名的客體關係理論。

T F 9.客體關係理論家著重在諸如共生、分離、區隔、與整合等課題上。

T F 10.在客體關係理論中，強調幼年時期的發展是日後的發展之一項決定性的影響因素。

選擇題

_____11.下列何者不屬於客體關係理論家？

    a. Heinz Konut。

    b. Margaret Mahler。

    c. Otto Kernberg。

    d. Erik Erikson。

_____12.下列何者屬於自我心理學的學者？

    a. Otto Kernberg。

    b. Erik Erikson。

    c. Heinz Konut。

    d. Carl Jung。

    e. 以上皆非。

_____13.下列何者「不是」較新近的精神分析思潮？

    a. 強調自我（self）的起源、轉變、及組織功能。

    b. 強調對照、比較別人的經驗。

    c. 將人們分類成順從型、侵略型、及分離型（detached）。

    d. 焦點放在自己與別人之間的區隔與整合。

    e. 認為幼年時期的發展對於日後的發展是很重要的。

_____14.下列何種人格異常的特徵是不穩定、易怒、衝動性發怒、情緒變化大？

    a. 自戀異常（narcissistic disorder）。

    b. 邊緣異常（borderline disorder）。

    c. 自我異常（ego disorder）。

    d. 本我異常（id disorder）。

    e. 精神官能異常（neurotic disorder）。

_____15.根據艾利克森的看法，「勤奮」與「自卑」的掙扎是發生在

　　　a.青春期。

　　　b.老年期。

　　　c.學齡期。

　　　d.嬰兒期。

　　　e.中年期。

_____16.艾利克森的學齡前期相當於弗洛伊德的

　　　a.口腔期。

　　　b.肛門期。

　　　c.性器期。

　　　d.潛伏期。

　　　e.性徵期。

_____17.下列何者指重複地解析闡釋及克服抗拒使當事人能解決其
　　　精神官能症的行為類型

　　　a.作業經歷法（working through）。

　　　b.移情。

　　　c.反移情。

　　　d.淨化作用（catharsis）。

　　　e.渲洩（acting out）。

_____18.移情分析是精神分析治療法的重心，因為

　　　a.可以把治療者隱藏起來，使他感到安全。

　　　b.可以使當事人在治療時能重新活在過去中。

　　　c.可以協助當事人擬訂改變行為的具體計畫。

　　　d.是獲得潛意識素材的唯一途徑。

　　　e.可以協助當事人體驗其情緒。

_____19.解決性衝突與性別角色認同的課題是出現在

  a.口腔期。

  b.肛門期。

  c.性器期。

  d.潛伏期。

  e.性徵期。

_____20.戀父情結與戀母情結是出現在

  a.口腔期。

  b.肛門期。

  c.性器期。

  d.潛伏期。

  e.性徵期。

_____21.邊緣異常與自戀異常往往根源於那個時期裡的創傷事件？

  a.正常的嬰兒自閉階段。

  b.共生階段。

  c.分離／個體化階段。

  d.對自我與別人的認知逐漸穩定階段。

  e.以上皆非。

_____22.在精神分析學派的治療中，通常會要求當事人

  a.藉著日記簿記載自己在家裡與工作中做些什麼來監視行
    為的改變。

  b.在生活方式上做重大改變。

  c.不要在生活方式上做激烈的改變。

  d.放棄朋友。

  e.以上皆非。

_____ 23.「反移情」是指

　　　a.當事人對於治療者的非理性反應。

　　　b.治療者對於當事人的非理性反應。

　　　c.當事人的投射。

　　　d.在治療者的心目中，當事人的需求變得很特別。

　　　e.除a.之外，以上皆是。

_____ 24.「維持分析架構」的意義是指

　　　a.在治療歷程中所有的程序因素

　　　b.分析者維持相當的匿名性。

　　　c.收費上的同意。

　　　d.定期的治療。

　　　e.以上皆是

_____ 25.在當代的精神分析治療法（相對於古典的分析法）中，下列
　　　何種程序「最不可能」使用到？

　　　a.當事人躺在長椅上。

　　　b.處理移情方面的感受。

　　　c.將目前的心理掙扎跟過去的事件做一聯結。

　　　d.處理夢境內容。

　　　e.闡釋抗拒的意義。

後記：另一項建議是，在作答完畢後，請重新流覽章前的自評測驗。
那二十個題目，對本章的治療法而言都是正確的陳述語句，因此對
這些語句加以思考是一種複習的好方法。

5 阿德勒學派治療法

章前自評量表

提示：請參照第四章的提示說明，並依以下所述的數字系統作答：

5＝強烈同意

4＝同意

3＝不確定

2＝不同意

1＝強烈不同意

_____ 1.在影響人格發展上，社會人際的決定因子比性心理的決定因子要強力得多。

_____ 2.我們能夠藉著審查人們生活的方向與追求的目標而瞭解他們。

_____ 3.人們都有克服自卑感與追求成功的需求。

_____ 4.如果當事人受到壓抑，則治療的焦點應放在導致某些行為與感受的思考型態，而不是只放在感受上。

_____ 5.經由人們如何看待自己的「透視鏡」，最能夠瞭解人們。

_____ 6.雖然人們會受到幼年經驗的影響，但並非只是被動地受影響；人們也是自己生活的創造者。

_____ 7.要求當事人回想幼年時期的經驗，對於治療是有用的。

_____ 8.每個人都有獨特的生活方式，這在諮商中是應該加以檢驗的重點項目之一。

_____ 9.在諮商中不應將當事人視為「生了病」而需要「治療」；最

好認爲他們是受到了挫折，以及需要再教育。

_____10.瞭解當事人在原生長家庭中的排行，是治療的一項參考資料。

_____11.尋求諮商的當事人，通常對於人生都懷著錯誤的假定或有瑕疵的信念。

_____12.因爲情緒跟我們的認知行爲歷程整合在一起，所以諮商歷程把目標放在探索當事人的想法、目標、及信念上是適當的。

_____13.雖然良好的治療關係有利於諮商的進行，但是單靠此一關係並不能造成當事人的改變。

_____14.諮商員的主要任務之一在於收集當事人的家庭關係資訊，然後對這些素材做歸納與解析。

_____15.人們所記住的過去事件，往往跟那些他們目前如何看待自己的觀點一致。

_____16.夢境是未來的行動方向之預演。

_____17.意識因素在治療歷程中應比潛意識因素受到更多的注意。

_____18.雖然洞察是輔助改變的強力工具，但並不是改變的必備條件。

_____19.「洞察」最好的定義是將自我瞭解轉化爲建設性的行動。

_____20.諮商至多是一種合作關係，目的在於協助當事人確認與改變自己那些錯誤的信念與目標。

阿德勒學派治療法複習

主要人物與重點

創立者：阿德勒。後起發展者：德萊克斯。在二十世紀初，阿德勒開創「個體心理學」，標明他的取向是強調個體的獨特性與統合性。德萊克斯等人後來把阿德勒的學說宣揚至美國，特別是應用在教育、兒童輔導、及團體工作等領域上面。

哲學觀與基本假設

阿德勒比其他理論家更強調社會心理學，以及對人性持正面觀點。他認為人們受到社會因素的影響比生物因素要來得大。人們是命運的主宰，而不是命運的犧牲者。個體在幼年時期即創造出一種獨特的生活風格，而不僅只是受到幼年經驗的塑造。這種生活風格往往相當穩定，而且反映著我們對於生活的信念以及處理面臨的任務之方式。

重要觀念

人格的中心是意識而非潛意識。阿德勒的取向立足於成長模式，強調個體擁有足夠的能力、能充份地活在社會中。本取向的特

徵包括：認爲人格具有統合性、從主觀的立足點去瞭解一個人的世界、以及強調人生目標是人們行爲的指引。社會興趣或一種在社會中佔有一席之地的歸屬感，對於人們具有激勵作用。自卑感往往是創造力的泉源，激勵著人們追求精通事物、優越感、及完美。

治療目標

阿德勒學派把重點放在挑戰人們那些錯誤的信念及有瑕疵的假定，這進而協助他們發現生活中有益的光明面。在合作的關係下，諮商員藉著鼓勵，使當事人能夠立志追求對社會有益的目標。一些特定的治療目標包括孕育社會興趣、協助當事人克服挫折感、改變不良的動機、重建錯誤的假定、以及協助當事人感受自己與別人是平等的。

治療關係

當事人與治療者的關係建立在相互尊重與平等上，並且雙方都應主動投入。焦點放在檢查當事人的生活風格，這表達在當事人所做的每一件事情上。諮商員會以當事人的過去、現在、與未來的追求目標爲經緯，從其間的關聯性不時地向當事人解析其生活風格。

技術與程序

阿德勒學派已發展出多種技術與治療風格，不過他們並不依循固定不變的治療程序，而是依創意選用適合當事人的技術。這些技

術有許多跟其他治療取向是相同的，唯選用時均以當事人獨特的需求爲依據。當用的一些技術包括：傾聽、鼓勵、面質、欲擒故縱法、歸納、家庭星座與幼年回憶的解析、建議、及指派家庭作業。這些大都是阿德勒發展出來的。

應用

由於立基於成長模式，阿德勒的理論在於協助人們充分發揮自身的潛能。其學說已經廣泛應用在各種人類問題上，並能減輕社會條件對於個人成長所加諸的阻逆。其理論在教育、兒童輔導工作、親子諮商、個體諮商、及社會工作等領域都具應用價值，並且由於是根據社會心理學的原理，故特別適用於輔導團體、夫妻、及家庭。

貢獻

阿德勒學派屬人本取向，其最大貢獻是其理念已被其他治療取向所吸收，成爲當代大多數治療取向的先驅。對於意識因素的強調，啓發了認知行爲取向；體認親子互動等社會背景因素的重要性，爲許多家族治療法鋪路。由於它強調人際關係，故最適合用以輔導各種不同文化背景的族群。

限制

本取向的一些基本觀念顯得模糊與定義不明確，使得很難驗證其效度。批評者認爲本取向過度簡化複雜的人類運作功能，以及大

部份的理論是根據常識般的心理學知識。

重要名詞解釋

基本錯誤（basic mistakes）：有瑕疵、自我挫敗的認知、態度與信念，這些也許在某期間頗為適當，但往後就不再適合。這些迷思會影響到人格的塑造，例子包括：否認自己的價值、誇大自己的安全需求，及設定不可能實現的目標。

堅信（conviction）：根據人生經驗及對此經驗的闡釋而得到的結論。

勇氣（courage）：樂於在人生路途中往前邁進，即使面臨使自己心生畏懼的情況；樂於冒適當的風險。

幼年回憶（early recollections）：幼年時（九歲前）發生過一次的事件記憶。人們往往會記住與目前的人生觀一致的過去事件。

鼓勵（encouragement）：提高人們面對人生任務的勇氣之歷程；在治療的全程中，用以消除挫折感及協助人們設定切於實際的目標。

家庭星座（family constellation）：指家庭系統的社會結構與心理結構，包括出生別、個體對自己的知覺、手足的特徵與評核、以及父母的關係等等。

虛構目的論（fictional finalism）：指人們的行為與人格的統合是受到一想像的目標之牽引；人們認為如果自己臻於完美及非常安全時，會變成何種光景。

整體論（holism）：將人們視為不可分割的整體來研究，反對將

人格拆解成各個部份。

自卑感 (inferiority feelings)：幼年時期決定行為的力量；人們努力的泉源。人們會試圖補償自己各種想像與實際的短處，這因而有助於克服缺陷。

人生任務 (life tasks)：每個人必然都須面對的任務，包括友誼的任務、工作的任務、及建立親密關係的任務等等。

優先偏好 (priority)：人們基於堅信而產生的行為特徵傾向，例子包括優越、控制、安逸、及取悅別人等偏好。

社會興趣(social interest)：一種對人道的認同感；一種隸屬感；一種關心大眾福祉的熱忱。

追求優越 (striving for superiority)：追求變成有能力、精熟外在環境各項事務、及自我改善的一種強烈企圖心。

生活方式 (lifestyle)：個體在思考、感受、與行為上的方式；一種人們藉以知覺外在世界，及能夠因應人生任務的概念性架構；人們的人格。

目的論 (teleology)：目標與人們行為受目標牽引之研究。人們為實現目標與意圖而活，而非受外界力量的逼迫。

討論問題

1. 阿德勒學派認為人們是先思考(並決定)，然後感覺，然後再行動。於是他們強調認知（思考、信念、對人生的假設、態度）。對諮商員而言，持此看法的優點與限制各為何？

2. 阿德勒學派的諮商歷程通常是始於評鑑生活方式，其重點是家庭

星座與幼年回憶。如果你剛碰上一位新的當事人，那麼在上述的領域裡，你最有興趣收集哪些資料？

3. 當你輔導文化背景與社會經濟背景就與你不同的當事人時，你認爲阿德勒學派的哪些東西會最有用？你可能會去使用阿德勒學派的哪些技術？

4. 弗洛依德與阿德勒的理論有哪些主要的差異？你比較傾向於何者？爲什麼？你是否看出有任何基礎可用以妥協兩者的不同，並可將兩者的觀念整合至治療實務中？

5. 當你思考阿德勒的人生經歷及其理論的發展過程時，你會得出哪些結論？你認爲理論與理論家可以區隔至何種程度？

6. 阿德勒認爲人們是自己生活的演員、創造者、及藝術家，這個描述，就你的人生經驗而言有多貼切？

7. 阿德勒學派認爲，人們由於自卑感的激勵，會去追求優越，把自己的短處轉爲長處。你個人以哪些方式追求優越呢？這種補償心理的歷程是否適用在你身上？

8. 請重讀阿德勒對於出生別的一些描述。你在家裡排行第幾？依你的經驗而言，你認爲你在家中的排行，對於塑造今日的你有多大的作用？

9. 除了家庭星座之外，阿德勒學派也重視幼年時期的記憶。你自己有哪些幼年記憶？回想這些記憶對於今日的你有什麼意義呢？

10. 阿德勒學派很重視「基本錯誤」。你能夠指認出自己目前或過去持有哪些錯誤的假設嗎？你認爲這些基本錯誤如何影響你的思考、感受、與行爲呢？

個人的應用：生活方式的評鑑

　　評鑑生活方式通常始於治療的初始階段，以收集當事人的家庭星座、幼時回憶、夢境、及個人的長處等資訊。然後對這些資訊做歸納解析，其中特別注意當事人對人生所持的錯誤假設（基本錯誤）。從這個評鑑程序，諮商員對於當事人的生活方式做一初步的闡釋。

　　雖然有許多評鑑生活方式的問卷格式，諮商員也可以針對自己想深入瞭解的各個領域做不同的設計。以下是摘錄的一份問卷樣本（Mosak & Shulman, *Life Style Inventory*, 1988），你若能親自作答一次，將能獲得更深刻的體驗。此時，請儘量誠實作答，心中不要存著「正確」答案的想法。我強烈建議讀者在作答完畢之後，根據作答的資料，思索哪些領域你最有興趣做進一步的探索？以及這份問卷對於治療的進行會有多大的幫助？

家庭星座：出生別與對手足的描述

1. 將家中的兄弟姊妹由最大排到最小，並對每一位（包括你自己）做一簡要描述。每個人最突出的特色是什麼？

_____

_____

_____

_____

2. 根據以下的人格構面，對每位手足（包括你自己）做一考核，並
   就每一構面從最強的排列到最弱的。

聰明 　　　_____

成就導向 _____

工作努力 _____

取悅別人 _____

果斷 　　_____

迷人 　　_____

順從 　　_____

有條理 　_____

擅長運動 _____

叛逆 　　_____

受寵 　　_____

批判別人 _____

跋扈 　　_____

陰柔 　　_____

陽剛 　　_____

悠閒 　　_____

大膽 　　_____

負責 　　_____

富理想 　_____

注重物質 _____

愛玩 　　_____

要求別人 _____

苛求自己 _____

容易退縮 _____

　　敏感　　 _____

3. 那一位兄弟姊妹跟你最不同？哪些方面不同？ _____

_____

_____

4. 那一位兄弟姊妹跟你最相像？哪些方面相像？ _____

_____

_____

5. 哪些兄弟姊妹會在一起玩？ _____

6. 哪些兄弟姊妹會吵架？ _____

7. 誰會照顧誰呢？ _____

8. 兄弟姊妹有哪些不尋常的成就？ _____

_____

9. 誰發生過任何意外事件或生過大病？ _____

_____

10. 你是哪一型的小孩？ _____

_____

11. 學校對你而言像是什麼？ _____

_____

12. 你在小時候害怕些什麼？ _____

_____

13. 你在小時候曾立下過哪些雄心大志？ _____

_____

14. 你在同伴群中扮演何種角色？ _____

_____

15.你在身體與性方面的發展，曾有過哪些重大的事件？＿＿＿＿＿＿

＿＿＿＿＿＿＿＿＿＿＿＿＿＿＿＿＿＿＿＿＿＿＿＿＿＿＿＿

16.你在人際發展方面有哪些特徵？＿＿＿＿＿＿＿＿＿＿＿＿＿

＿＿＿＿＿＿＿＿＿＿＿＿＿＿＿＿＿＿＿＿＿＿＿＿＿＿＿＿

17.你的原生長家庭最重視的價值觀是什麼？＿＿＿＿＿＿＿＿＿

＿＿＿＿＿＿＿＿＿＿＿＿＿＿＿＿＿＿＿＿＿＿＿＿＿＿＿＿

18.家庭生活中的哪些面對你而言最有意義？＿＿＿＿＿＿＿＿＿

＿＿＿＿＿＿＿＿＿＿＿＿＿＿＿＿＿＿＿＿＿＿＿＿＿＿＿＿

家庭星座：父母關係與親子關係

1.父親年齡：＿＿＿＿＿＿＿　母親年齡：＿＿＿＿＿＿＿

2.他的職業：＿＿＿＿＿＿＿　她的職業：＿＿＿＿＿＿＿

3.他是何種人：＿＿＿＿＿＿　她是何種人：＿＿＿＿＿＿

＿＿＿＿＿＿＿＿＿＿＿＿　＿＿＿＿＿＿＿＿＿＿＿＿

＿＿＿＿＿＿＿＿＿＿＿＿　＿＿＿＿＿＿＿＿＿＿＿＿

4.他對子女的期望：＿＿＿＿　她對子女的期望：＿＿＿＿

＿＿＿＿＿＿＿＿＿＿＿＿　＿＿＿＿＿＿＿＿＿＿＿＿

＿＿＿＿＿＿＿＿＿＿＿＿　＿＿＿＿＿＿＿＿＿＿＿＿

5.你小時候對父親的看法：＿＿　你小時候對母親的看法：＿＿

＿＿＿＿＿＿＿＿＿＿＿＿　＿＿＿＿＿＿＿＿＿＿＿＿

＿＿＿＿＿＿＿＿＿＿＿＿　＿＿＿＿＿＿＿＿＿＿＿＿

6.他最疼誰？為什麼？＿＿＿＿　她最疼誰？為什麼？＿＿＿＿

＿＿＿＿＿＿＿＿＿＿＿＿　＿＿＿＿＿＿＿＿＿＿＿＿

＿＿＿＿＿＿＿＿＿＿＿＿　＿＿＿＿＿＿＿＿＿＿＿＿

7.他跟子女的關係：＿＿＿＿　她跟子女的關係：＿＿＿＿

_____   _____

8.那個孩子最像父親？在那些方　　那個孩子最像母親？在那些方

面？_____　　面？_____

_____   _____

_____   _____

9.試描述父母親之間的關係。_____

_____

10.一般而言，每個孩子對父母的看法與反應如何？_____

_____

11.一般而言，父母親之間的關係，對小孩的影響是什麼？_____

_____

12.除了父母之外，在你的生活中還有哪些父母般的人物？他們是

誰？他們如何影響你？_____

_____

幼時回憶與夢境

1.你最早期的單獨而具體的記憶是什麼？_____

_____

_____

_____

2.你還有哪些幼時的回憶？儘可能詳細描述。_____

_____

_____

_____

3.在上述的回憶中，你伴隨著哪些感覺？ _____

_____

_____

4.你能記取任何幼年時期的夢嗎？ _____

_____

_____

5.你有重覆出現的夢境？ _____

_____

生活方式摘要

1.對你的家庭星座做一摘要（哪些對於你在家中的角色最具意義？
 在家庭的歷史中有任何主題嗎？）。 _____

_____

_____

_____

_____

_____

2.對你的幼時回憶做一摘要（在你幼時的記憶中有哪些主題？從幼
 時回憶中，你看出具有哪些意義？）。 _____

_____

_____

_____

3.試列舉你有哪些自我挫敗的認知（即基本錯誤）。 _____

_____

4.對於你的長處做一摘要。_____

_____

_____

試著思考以下問題：

■ 從以上的自我評鑑中，你學到或知道了什麼？

■ 如果你是當事人，你最想探索的問題是什麼？

■ 你看出過去的你跟目前的你之間有哪些關聯性嗎？從過去、現在、到未來，你所追求的具有哪些連續性？

■ 你看出你的生活具有哪些型態嗎？從幼年時期到現在，有哪些主題嗎？

■ 把你的自我評鑑結果帶到課堂上，然後以小組討論的方式彼此交換學習心得。

個案範例

從阿德勒學派的觀點來看史天恩的生活方式評鑑

為了取得史天恩更多的發展歷史資料，我會要求他填答一份生活方式評鑑問卷（此時你可以再細讀教本中關於史天恩的背景資料）。

家庭星座：出生別與對手足們的描述

1.列出所有兄弟姊妹，並對每一位做一簡要描述。

Judy	Frank	Stan	Karl
（大七歲）	（大四歲）		（小二歲）
迷人	擅長運動	不成熟	受寵
有才華	愛玩	消沈	邪惡
比我高級	善交際	學習較緩慢	要求別人
能力強	聰明	孤獨	受到過度保護
成就高	陽剛	容易驚慌	為所欲為
成熟	受人喜愛	自我批判	會跟我爭吵
努力	受人尊敬	成就不高	母親喜歡他
負責	會嘲笑我	受拒的小孩	大膽
敏感	不喜歡我	有心向上	敏感

2.考核兄弟姊妹的人格構面，並從最強的排到最弱的 (J指Judy，F指Frank，S指Stan，K指Karl)。

聰明	JFKS	陰柔	J
成就導向	FJKS	陽剛	只有F
工作努力	FJSK	悠閒	無人有此特質
取悅別人	JFKS	大膽	KFJS
果斷	KFJS	負責	JFSK
迷人	KJFS	富理想	JFSK
順從	無人有此特質	注重物質	KSFJ
有條理	JFKS	愛玩	FKJS

擅長運動	只有F	要求別人	KFSJ
叛逆	SKFJ	批判自己	SJFK
受寵	只有K	容易退縮	SJKF
批判別人	FKSJ	敏感	JKSF
跋扈	KFSJ		

3. 哪些兄弟姊妹跟你最不同？在哪些方面不同？Judy與Frank。他們兩人都是成就導向，聰明，受父母器重，以及受到別人的喜愛。不管做什麼，他們都能高人一等。

4. 哪些兄弟姊妹跟你最相像？在哪些方面相像？事實上，沒有人像我，我總是認為自己是家裡的怪物。

5. 哪些兄弟姊妹會在一起玩？事實上都沒有。

6. 哪些兄弟姊妹會吵架？主要是弟弟Karl跟我。

7. 誰會照顧誰？當我很小的時候，Judy負責照顧我。

8. 兄弟姊妹有哪些不尋常的成就？Judy是學校各項競賽的常勝軍，Frank在班上的功課不但名列前茅，而且得過運動競賽的獎牌。

9. 誰發生過重大意外事件或生過大病？我九歲那年騎自行車曾跟汽車碰撞過，而Karl似乎常生病。

10. 你是哪一型的小孩？小時候，我頗為孤獨，感覺受到傷害，有退縮的傾向。我認為自己永遠也無法趕得上Judy與Frank的表現，以及覺得別的小孩都不想跟我玩。

11. 學校對你而言像是什麼？對我來說，學校就像一張真正的網子。

12. 你在小時候害怕些什麼？害怕被人欺負，害怕孤獨，害怕自己所做的一切盡皆失敗。

13. 你在小時候曾有過哪些雄心壯志？製造賽車及駕駛賽車。

14.你在同伴群中扮演何種角色？<u>最後被選上的人。</u>

15.你在身體與性方面的發展，曾有過哪些重大事件？<u>我長得比別人</u>
<u>矮小，而且比別人晚成熟。我記得性徵方面的改變曾使我害怕，</u>
<u>並且感到慌亂。</u>

16.你在人際發展方面有哪些特徵？<u>我覺得受到阻礙，特別是跟女孩</u>
<u>子的交往。</u>

17.你的原生長家庭最重視的價值觀是什麼？<u>誠實、努力、與超越別</u>
<u>人。</u>

18.家庭中的哪些面對你而言最有意義？<u>我不曾認為自己是家中的一</u>
<u>份子，並且哥哥跟我的距離似乎非常遙遠。</u>

家庭星座：父母關係與親子關係

父親	母親
1.目前年齡：53	目前年齡：55
2.職業：高中教師	職業：家庭主婦（兼差護士）
3.何種人：<u>專心於工作、與家人不親、被動。</u>	何種人：<u>跋扈、支配欲強、非常難取悅、能力強、富侵略性、主觀強。</u>
4.對子女的期望：<u>把學校的功課顧好，不要讓家裡蒙羞。</u>	對子女的期望：<u>不要惹麻煩，要追求成功，要尊敬權威人物。</u>
5.你小時候對父親的看法：<u>工作努力，被母親操控，被動安靜，跟我疏遠。</u>	你小時候對母親的看法：<u>排斥我，有點憂鬱，負責，對我期望太多。</u>
6.他最疼誰？為什麼？<u>Frank ——因為他功課好、運動好。</u>	她最疼誰？為什麼？<u>Karl ——這個乳臭未乾的小子出什麼差</u>

錯，她都是視若無睹。

7. 他跟子女的關係：他真的喜愛 Frank 與 Judy，忽視我，不怎麼理 Karl。

她跟子女的關係：除了我之外，她似乎喜愛所有其他的小孩。

8. 那個孩子最像父親？在那些方面？Frank，因為他聰明而且喜歡學校中的活動。

那個孩子最像母親？在那些方面？勉強說起來，Judy 較像她，因為兩者都很負責，而且能力強。

9. 試描述父母親之間的關係。關係惡劣！她爬到他頭上，他則毫無招架之力，只好躲到工作中。他們倆人不曾培養出親密的關係。

10. 一般而言，每個孩子對父母的看法與反應如何？Frank 與 Judy 很會為他們兩位著想；Karl 尊敬媽媽，但跟爸爸之間則有點齟齬；我對他們則不抱太多期望。

11. 一般而言，父母親之間的關係對小孩的影響是什麼？對 Frank 與 Judy 是好的，對媽媽與 Karl 之間的關係沒有問題，對我則糟糕透了。

12. 除了父母之外，在你的生活中還有哪些父母般的人物？叔叔，他似乎對我有興趣，而且喜歡我。

幼時記憶與夢境

1. 你最早期的單獨且具體的記憶是什麼？當我六歲上學時，我害怕其他小孩子與老師。當我回家向母親哭訴時，她向我咆哮，罵我是個長不大的嬰兒。

2. 你還有哪些幼時的回憶？

   a. 在六歲半的時候，我們全家去拜訪祖父。我在外面玩，鄰居的

小孩無緣無故跑來打我。我們大打出手，後來母親跑出來制止，並指責我是個野小孩，任憑我如何解釋她也不聽。

b.八歲那一年，我在鄰居的汽車輪胎插了一些釘子，現場被主人逮到。他抓住我的衣領，把我提到家人面前。於是我受到一頓責罵與處罰。為了這件事，父親有好幾個星期不跟我講話。

c.九歲那一年，我在騎單車上學的途中，被一輛汽車從側面撞到。我記得我躺在地上時想到我可能會死掉。因腿部受傷及腦震盪，我被送到醫院。在醫院那一段期間，我感到孤單與害怕。

3.在上述的回憶中，你伴隨著哪些感覺？我常常感到怎麼做怎麼錯。大部份的時間裡，我都感到害怕、孤單，並且認為自己不曾真正被瞭解與關懷。

4.你能記取任何幼年時期的夢嗎？我記得有一晚睡得很晚，一睡就開始出現噩夢，夢到惡魔就在窗戶邊，嚇得我驚醒過來，把整個頭包在被單裡面。

5.你有重覆出現的夢境嗎？有，夢境是我一個人孤獨地身處沙漠中，口渴得要死。我看到有人帶著水，但是似乎沒有任何人注意到我，也沒有人肯來援助我一滴水。

生活方式摘要

1.史天恩家庭星座的摘要：史天恩在四個小孩當中，排行老三，是屬於卡在中間的小孩。家中的價值觀是追求成就，而他感覺自己永遠也無法追趕上哥哥姊姊的水準。一項核心主題是，他感到受到排斥與不被人喜歡。所有的掌聲都集中在哥哥姊姊身上，他能引起注意的方式就是藉由負面的行為表現。他從父母身上看到冷戰，也因而害怕與人建立起親密關係。雖然他嘗試著讓父母能以

他為榮，但是事實上不曾成功過。在大部份的時間裡，他不與其他人交往。

2. 史天恩幼時回憶摘要：「無論我做什麼，最終都是犧牲者，並且惹上麻煩。對我來講，生活是充滿著驚慌、殘忍、與處罰。我不能轉向男性或女性尋求協助與安慰，因為女性都是那麼冷酷與不體貼，而男性則避我唯恐不及。」

3. 史天恩基本錯誤摘要：史天恩的自白中顯露了他有許多基本錯誤與自我挫敗的認知，包括：

   a. 「任何可能出差錯的事情就會出差錯，而我將因而受到責罵或處罰。」

   b. 「不要跟人們太接近，特別是女人，因為他們都很冷酷，不關心別人。」

   c. 「如果你沒把握將事情做好，那就連嘗試也不要。」

   d. 「只有完美或近乎完美的人，在這個世界上才能成就事物，我自己不是這塊料。我無法成就事物，我是異類份子，並且我不值得人家愛我。」

4. 史天恩的優點摘要：史天恩有以下的長處：

   a. 他具有勇氣，樂於檢查自己的生活。

   b. 他願意挑戰那些以前不曾質疑過的假設。

   c. 他瞭解他將自己貶抑得太過頭了，並且決定從此學習接受自己，喜歡自己。

   d. 他有一些清楚的目標——例如畢業後要當一名輔導兒童的諮商員。

   e. 他想努力學習，使自己覺得跟別人是平等的，並且不必為自己的存在而感到抱歉。

接著，請你依阿德勒學派的精神進行輔導史天恩：

1. 當你審閱史天恩的生活方式評鑑結果時，何者對你而言最感突出？你傾向於從哪些方向著手？

2. 史天恩有許多「基本錯誤」，你會如何矯正其錯誤的認知？你如何藉著調整其認知，進而改變其感受與行爲？

3. 史天恩前來尋求諮商時，認定自己是個受盡挫折的受害者。對於在歷程中使用鼓勵的技術，你有哪些想法？又如果他頑固地認定自己是個受害者，現在無力做任何改變，那你會怎麼做？

愛麗絲與傑西：一對尋求諮商的異國配偶

假設你認識一位輔導配偶的諮商員，在她所輔導的配偶當中有一對在經過幾個治療回合之後，表明希望以不同的治療方法來輔導他們。這位女諮商員本身屬於精神分析學派，她知道你屬於阿德勒學派，於是將這對配偶轉介給你。在轉介這對配偶之前，她將他們的背景資料傳遞給你。

一些背景資料

愛麗絲與傑西結婚十七年，育有三個子女。他們屬於異國婚姻，傑西屬於拉丁民族，而愛麗絲屬於太平洋的島國民族。當初結婚時，雙方家族都不贊成。因此，愛麗絲與傑西不常回去探望父母。愛麗絲感到自己與娘家日益疏遠了；而傑西則認爲，既然家族希望這樣，那就這樣吧。

結婚之後，許多家庭問題逐漸顯現。社會工作人員看出傑西對待愛麗絲採取極爲自衛的姿態。有一次，他咆哮一陣，人變得怒容

滿面，然後砰的一聲把自己關在房間裡面，然後好幾天不肯跟她講話。他也曾經把浴室的門用拳頭打破，並且摔室內的東西。愛麗絲似乎認為傑西對待孩子們過於嚴格，要求他們對他絕對服從。他承認自己是個嚴格的工頭，但是又說以前在家裡，父親也是這樣。他堅持在家裡，他必須維持一家之主的姿態。小孩若弄亂家中東西，或者有任何他看不順眼的事情，他就會大聲責罵。他很少花時間陪年紀較大的兩個女兒（她們十幾歲了，但認為父親是個陌生人），但是常會帶小兒子去釣魚、露營，父子似乎維持著很好的關係。

愛麗絲想外出工作，但是傑西叫她連想都不要想，並且一提到這個話題，他就會變得非常生氣。他的反應是：「為什麼妳還不滿足現在所擁有的？我賺錢養這個該死的家還不夠嗎？如果妳出去找工作，妳叫我面子往哪裡擺？」愛麗絲一直扮演維護家中和平的角色，不管代價有多大。這意味著她不能去做許多她想做的事，以免夫妻之間的衝突越演越烈。社會工作者認為愛麗絲是個安靜的人，對傑西非常服從，非常聰明而且有吸引力，害怕離婚，以及對於跟傑西在一起的生活已經從混噩中清醒過來了。最後，愛麗絲抱著破釜沈舟的決心，決定不再過這樣的生活。她要求傑西跟她一起去尋求諮商。他不情願地同意了，理由是想多瞭解她及「儘可能地協助她」。他的反應是，他應該不需要外界專家的協助，就能夠解決家中發生的所有難題。再一次的，他認為尋求諮商似乎有損顏面。

他們夫妻很少在一起，除了週三的晚上，他們剛報名參加了一個輔導夫妻的團體活動。愛麗絲覺得很值得，傑西則認為費用太高，並擔心小孩子無人看管，家裡會弄得一團糟。對於一再地要求他一起去，她已經感到挫折，而他則認為受到的要求越來越多，並認為對於這個「該死的家」，他已經付出夠多了。

你會如何輔導愛麗絲與傑西？

假設你屬於阿德勒學派，而且治療時間只有4至6個回合，那麼你會如何進行輔導工作呢？以下是一些引導你進行的問題：

1. 如果你想進行生活方式評鑑，那麼你會不會安排讓他們夫妻以分別進辦公室的方式，分開來填答問卷？這種作法各有哪些優缺點？

2. 從已知的背景資料，對於愛麗絲的家庭背景，你有哪些猜測？對於傑西的家庭星座呢？他們的家庭因素跟他們夫妻之間的問題有何關聯？你可能會如何分別針對他們的家庭背景因素而進行輔導？

3. 你認為傑西屬於拉丁民族，而愛麗絲屬於太平洋島國民族這件事實，特別是雙方家庭都不支持這樁婚姻，對於他們夫妻之間的困擾問題有何影響？你會去探索原生長家庭對他們夫妻問題的動態影響情形？

4. 你如何看待愛麗絲？如何看待傑西？如何看待他們的婚姻？他們各別的文化背景，能否提供額外的資訊來說明他們的行為及在家中的角色扮演？因為他們來自不同的文化背景，這對於你輔導他們會有何影響（相對於他們跟你都屬於相同的文化背景）？

5. 為了有效地輔導他們，你認為對於他們的文化背景是否已有足夠的認識？如果不足的話，你會如何彌補？由於你的文化背景跟他們不同，你想在諮商歷程中你可能會遭遇哪些特殊的問題？

6. 身為阿德勒學派的諮商員，你必然想確保你的治療目標跟他們的治療目標一致，關於這一點，你會如何進行？如果他們的目標跟你的目標不一致，此時你會怎麼做？又，你可能會跟他們一起擬

訂出何種治療合同？

7. 如果現在你必須考慮到的話，那麼愛麗絲有哪些「基本錯誤」？傑西呢？對於分別處理他們的錯誤信念，你有哪些想法？又，他們夫妻一起輔導時，你會如何進行？

8. 輔導這對夫婦時，你可能傾向於採用阿德勒學派的哪些技術？追求哪些目標？

綜合測驗

是非題

T F　1.阿德勒取向主要是認知取向。

T F　2.虛構目的論是指導引一個人行為的中心目標。

T F　3.追求優越被視為一種精神官能症的表現。

T F　4.阿德勒認為人們的生活方式一直到中年時期才會定下來。

T F　5.阿德勒學派的諮商員強調面質錯誤或有瑕疵的信念。

T F　6.阿德勒學派通常不使用解析技術，因為認為當事人無需治療者的協助就能夠自己做解釋。

T F　7.阿德勒學派不很重視當事人與治療者之間的關係。

T F　8.分析與評鑑是諮商歷程的基本要件。

T F　9.洞察最好定義為可轉換為行動的瞭解。

T F　10.治療者的專業技術是諮商歷程最好的舵手。

選擇題

＿＿＿11.根據阿德勒的說法，幼年時期的經驗

　　　　a.與諮商實務無關。

b.決定成人的人格。

c.被動地塑造我們。

d.本身不如我們看待這些經驗的態度那麼重要。

_____12.阿德勒對於治療中的「洞察」之看法最好敘述為

a.洞察是人格改變的必要條件。

b.洞察必須能轉化為行動方案才具有價值性。

c.人們會一直等到瞭解其人格問題的確切原因之後才會有
　所改變。

d.情緒上的洞察必須先於智性上的洞察。

e.在顯著的行為改變可能發生之前,認知上的瞭解是絕對
　必需的。

_____13.下列敘述中,何者用在阿德勒學派治療法身上並「不」正
確?

a.意識(而非潛意識)是人格的中心。

b.根據醫療模式而建立。

c.它是現象學導向與人本導向。

d.自卑感可以成為創造力的泉源。

e.幼年時期所受的影響會造成小孩子錯誤的生活方式。

_____14.下列何者最接近於阿德勒學派的治療目標?

a.矯正行為。

b.消除問題徵狀。

c.儘可能深入地體驗感受。

d.修正動機。

e.以上皆非。

_____15.生活方式評鑑所根據的資訊包括:

a.家庭星座。

b.幼時回憶。

c.夢境。

d.錯誤、自我挫敗的知覺認知。

e.以上皆是。

_____16.根據阿德勒的看法，人類經驗的正確順序是

a.首先是感受，然後思考，接著是行動。

b.首先是行動，然後感受，接著是思考。

c.首先是思考，然後感受，接著是行動。

d.首先是感受，然後行動，接著是思考。

e.以上皆非。

_____17.阿德勒學派在使用技術方面最好描述為

a.他們嚴格地採用認知技術。

b.他們採用情緒與行為技術，以促使人們去思考。

c.他們採用的技術有明確的界限範圍。

d.他們依當事人的狀況需要而採用各種技術。

e.他們嫌惡使用技術，因為他們認為治療關係本身就具有
療效。

_____18.阿德勒學派視當事人個人的問題

a.是文化制約下的結果。

b.是挫折歷程的最終結果。

c.是深埋的精神官能症傾向的結果。

d.是我們本能朝向自我毀滅傾向的結果。

e.以上皆非。

_____19.何種原理解釋了人的心理運作之一致性與指引性？

a.生活方式。

b.虛構的目的。

c.基本錯誤。

d.社會興趣。

e.現象學。

_____20.下列術語何者「不」屬於阿德勒學派

a.整體的。

b.社會的（人際的）。

c.目的論的。

d.決定論的。

e.現象學的。

_____21.下列何者並「不是」阿德勒所強調的？

a.人格的統一。

b.重新活在幼年時期的經驗中。

c.人們的生活是朝著某方向在走。

d.獨特的生活方式是生活目標的一種表達。

e.自卑感。

_____22.現象學導向把注意力放在

a.發生在人生各個階段的事件上。

b.生物因素與環境因素限制我們的方式上。

c.人們彼此互動的方式上。

d.驅使人們的內在動力上。

e.人們知覺這個世界的方式上。

_____23.虛構目的論的觀念是指

a.一種想像的中心目標，引導著人們的行為。

b.一種無希望的立場，導致人們的挫折。

c.人們表達其隸屬需求的方式。

d.評鑑一個人的生活方式之歷程。

e.人們對人生事件所做的解釋。

_____24.阿德勒認為下列哪些因素對於人們的生活具有影響力？

a.在家中的心理地位。

b.出生別。

c.手足之間的互動。

d.親子之間的關係。

e.以上皆是。

_____25.阿德勒學派重視幼時記憶，認為是瞭解下列何者的重要線索？

a.性與侵略性的本能。

b.母親與子女之間的連結歷程。

c.個體的生活方式。

d.驅動行為的潛意識動力。

e.幼年時期的心理創傷之根源。

後記：作答後，請再次複習章前的自評測驗，這些對阿德勒學派而言都是正確的陳述語句。並且在研讀完本章之後，再看這些自評測驗，也可以清楚自己原先的立場有無改變。

6 存在主義治療法

章前自評量表

提示：請參照前面兩章的提示說明，並依以下所述的數字系統作答：

5＝強烈同意

4＝同意

3＝不確定

2＝不同意

1＝強烈不同意

_____ 1.治療的基本目標在於擴張自我察覺，進而增進做抉擇的潛能。

_____ 2.治療者的主要任務在於試著瞭解當事人的主觀世界。

_____ 3.心理治療應視為一種人群關係導向，而不是一組技術。

_____ 4.最後的決定與選擇應操在當事人手中。

_____ 5.人們藉由他們所做的決定來定義自己。

_____ 6.治療關係建立在個人對個人的接觸。

_____ 7.在有療效的治療關係中，治療者的真誠是一項最重要的特質。

_____ 8.人們擁有自我察覺的能力，這是有別於其他動物的一項特質。

_____ 9.責任是人類存在的關鍵特質，而此一特質係基於意識力量。

_____ 10.自由、自我決定、自動自發、及抉擇等特質是人類存在最核

　　　　心的要素。

_____11.自由的特性在於人們有能力藉由在許多選擇中做決定來塑
　　　　造個人的發展。

_____12.即使自由受到限制（包括環境因素與基因遺傳），人們依然
　　　　有選擇的能力。

_____13.諮商與治療中的核心課題就是自由與責任。

_____14.最終，我們都是孤單一個人。

_____15.未能與別人建立起關係會導致疏離、失和、與孤立等狀態。

_____16.人類天生會去追求意義與目的。

_____17.罪惡感與焦慮不一定需要治療，因為它們都是人類面臨的
　　　　條件之一部份。

_____18.焦慮可能是人們察覺到自己的孤獨、有限、與有責任去做選
　　　　擇後產生的結果。

_____19.人終必死亡的事實，使活著賦有意義。

_____20.人們都有自我實現的傾向——亦即朝向成為自己有能力成
　　　　為的人。

存在主義治療法複習

主要人物與重點

　　早期歐洲的存在主義治療師是以弗朗克為代表，而當代的發言
人則是羅洛梅與葉倫。本取向強調諸如孤獨、孤立、疏離、無意義

等人類存在的深層經驗。

哲學觀與基本假設

　　本取向突出的地方，在於反對視心理治療為一組定義良好的技術；本取向肯定人類生存於世具有一些獨特的特徵，並因而將治療建立在探索這些特徵上，也即強調抉擇、自由、責任、及自我決定。在本質上，我們都是自己生活的作者。投身於一個無意義與荒謬的世界時，我們所面臨的挑戰是，接受我們的孤獨感，並在生活中創造出意義來。察覺到我們最終難免一死，這也是我們在生活中尋找意義的催化劑。

重要觀念

　　本療法有六項主要命題：(1)我們擁有自我察覺的能力；(2)因為基本上我們是自由人，我們在擁有自由時，也伴隨著須承擔起我們的責任；(3)我們有維護我們的獨特性與認同感的需求；我們經由知道與別人之間的互動關係而認識自己；(4)我們的存在與生活之意義性不會一次就固定下來，而是經由我們的籌劃而一再地創造自己；(5)焦慮是我們生存的一種狀態；及(6)死亡也是人類生存所面臨的一項條件，而察覺死亡會賦予生命一種意義性。

治療目標

　　本療法的基本目的在於促使當事人能夠接受伴隨著行動而來的

自由與責任，邀請當事人去確認生活中那些未盡真誠過活的地方，以及挑戰他們做成自我實現的決定，去成為自己有能力成為的人。一些具體的治療目標是：(1)協助人們認清他們是自由的，以及能察覺各種可能的情形；(2)挑戰當事人去認清他們現在所做的事情，是過去的想法在他們身上發生作用所致；及(3)確認阻撓自由的因素。

治療關係

本取向最強調的是去瞭解當事人目前的經驗，而不在於使用技術。因此，治療者「不會」受到固定處理程序的束縛，也能夠從其他治療學派借用技術。干預措施是用來拓寬當事人的生活型態，而技術則是用來協助當事人察覺他們有哪些選擇，及擁有哪些行動潛力的工具。

應用

本取向特別適合輔導哪些尋求個人成長的當事人，也有助於面臨發展危機（失業或婚姻失敗、退休、人生從一個階段移轉到另一個階段）的當事人。當事人所體驗到的焦慮，起因於碰到存在上的衝突，例如必須做抉擇、必須同時接受自由與伴隨而來的責任、及察覺到自己終究必須面臨死亡。這些存在上的事實，為治療提供了豐富的背景素材。

貢獻

　　本取向本質上屬於人本主義，其治療關係中強調個人對個人的特質，適足以修正心理治療走上機械化、非人性化的方向。對於任何理論導向的諮商員而言，本取向都有可取之處，因爲它強調自我決定，強調接納伴隨自由而來的個人責任，以及認定每個人都是自己生活的作者；此外，也提供了對於焦慮與罪惡感的價值、死亡的角色、以及孤獨與爲自己做抉擇具有創造性的一面，等等之看法。

限制

　　本取向缺少對原理原則及治療實務做系統化的陳述。本取向的許多學者所使用的術語過於模糊，觀念過於抽象，使讀者往往難以掌握。本取向未能以科學研究去驗證其療法的效度，並且在應用對象方面有其限制，對於身處極端危機需要指引的當事人、貧窮的當事人、以及口語溝通能力較差的當事人不適用。

重要名詞解釋

　　存在罪惡感 (existential guilt)：規避爲自己做選擇後的結果或自覺。

　　存在主義 (existentialism)：一種哲學運動，強調個體有責任爲自己的思考、感受、與行動創造出自己的方式。

存在精神官能症 (existential neurosis)：由於不真誠地過活、無法做出決定、以及逃避責任，所產生的一種絕望與焦慮的感受。

存在虛無 (existential vacuum)：由於生活的無意義，而產生的一種空虛與中空狀態。

自由(freedom)：人類存在無從避免的一種狀況；這意味著我們是自己生活的作者，因此須為自己的命運與行動負起責任。

意義治療法 (logotherapy)：由弗朗克所發展出來的治療法，字面上的意思是「經由理性 (reason) 而復原」；其焦點在於挑戰當事人去尋求生活中的意義。

現象學 (phenomenology)：一種探索的方法，過程中強調人們主觀的經驗；這是存在主義、阿德勒學派、個人中心、完形、及現實治療法的核心要素之一。

受限制的存在 (restricted existence)：指對自己只能產生極有限的自覺，以及對自己的問題之本質感到模糊不清的一種狀態。

討論問題

1. 「個人的自由」一詞對你的涵義為何？你認為目前的你大部份是自己抉擇後的結果，或是環境的產物？
2. 當你思考你人生中的一些轉捩點之後，你認為過去有哪些決定對於你目前的發展有著重大的影響？
3. 你能夠獨自接受與運用自己的自由，並做成各項決定嗎？你會去逃避自由與責任嗎？你會傾向於為了讓別人來照顧你而放棄你的

一些自主權嗎？

4. 你同意每個人基本上都是孤獨的嗎？這對諮商實務有哪些涵義？你會試著以哪些方式去排除孤單的感覺？

5. 你有過焦慮的經驗嗎？你的焦慮是來自你想到你必須為自己做抉擇，來自認清自己是孤獨的，來自你終將死亡的事實，以及來自你認清你必須為自己的生活創造出意義與目的？你是如何處理生活中的這些焦慮呢？

6. 你認為除非嚴肅地看待死亡，否則生命就沒有多大意義嗎？

7. 你最重視哪些特定的事情？如果沒有這些，生活會變成怎樣？何者使你的生活賦有意義與目標感？

8. 你體驗過「存在的虛無」嗎？你的生活是否有時會空掉，無內涵、無死亡、也無意義性？這種空虛的經驗，對你而言就像是什麼？你又如何去面對呢？

9. 對於存在主義治療法非常重視治療關係，你的看法如何？對於諮商員的角色在於「能夠陪同當事人深入一不知名的領域，去進行一趟治療性的旅遊」，你認同至何種程度？對於諮商員「應坦開心胸去挑戰與改變自己的生活」，你又認同至何種程度？

10. 如果你任職於一家社區機構，須輔導各種文化背景不同的族群，那麼從存在主義治療法你會借用哪些觀念？對於該取向應用於多元文化諮商上，你看出具有哪些優點與缺點？

建議活動與練習

「死氣沉沉」部份的檢查

在諮商的情況裡，我發現要求當事人去檢查自己有哪些地方「死氣沉沉」，會相當有幫助。就你自己而言，你有哪些部份屬於這種情況？如果你選擇完完整整地過活，而不是那種半生半死的存在，則會發生什麼變化呢？

提示：以下範例是當事人指出哪些部份他們也許會選擇「死去」而不願「活著」的方式。看過範例後，請填答你自己的情形，並將結果帶到課堂中以小組的方式加以討論。

1. 「我一直都會逃避任何風險，使自己感到安全。」
2. 「我會切斷所有的感受——使自己不至於受到傷害。我因此成為一部良好的電腦，並且不曾體驗過痛苦。」
3. 「我只是一具行屍走肉，內在空蕩無一物。我無法從生活中發現任何真正的目標，我就只是活著，等待一天接一天地過去。」
4. 「我過著孤立的生活，不想接近任何人，一點也不想跟人們有一絲瓜葛。」

1. _____
2. _____
3. _____
4. _____

我們會有眞正的改變嗎？

根據存在學派的說法，瞭解人們最佳的工具就是探討他們對於未來追求著什麼。在團體諮商的場合裡，我常用的一項技術是要求每個人去幻想希望自己的生活成爲如何。我問的問題例如「你希望自己有怎樣的未來？你希望自己跟生活中交往的他人呈現何種關係？你希望在自己的墓碑上刻下哪些字來描述你自己？你現在正做些什麼，或你現在能做些什麼去實現你的理想？」檢查一下對未來的期望，可以刺激人們認清自己過去做了哪些決定，以及自己能以哪些方式創造自己的未來。

提示：針對下列問題，寫下簡短的回答。然後把你的答案帶到課堂中以小組方式加以討論。

1. 你認爲如果你非常努力於維持現狀，那麼你的未來會是怎樣？請完成下面的陳述語句：如果我不做任何重大改變的話，那麼我預期 _____

_____

_____

2. 列出一些你認爲會阻撓你去改變，或使你的改變難以進行的人、事、或情況。 _____

_____

_____

_____

_____

_____

3.如果「現在」你想在你的人格或行為中做一項顯著的改變，那麼
  這項改變會是什麼呢？ _____

  _____

  _____

4.你認為你「現在」能夠做些什麼來促使該項改變實現？ _____

  _____

  _____

5.寫下你自己的墓誌銘。 _____

  _____

  _____

  _____

  _____

個案範例

雷夫：感覺自己被工作夾住了

　　雷夫四十七歲，育有四個小孩（都是十幾歲的青少年）。他前來
尋求諮商，說自己被無意義的工作給夾住了。在初始晤談中，他告
訴你以下的話：

　　我覺得在人生的此時，我有必要採取某種行動——我想你會說
我正面臨著一項晚年的認同危機。此時，你會預期像我這種年紀的

人應該知道人生的過程會怎麼走,但是我所知道的是,我心中感到一團紛亂。

我認為這種紛亂大部份要怪罪我的工作。我在百貨公司工作多年,擔任部門經理,手下員工人數相當多。但是,我現在痛恨這份工作!我再也無法從工作中期望什麼,它毫無挑戰性。部份的我希望放棄這一切,包括未來誘人的退休金;部份的我則要我留下來,忍受所有的一切!此外,另一部份的我則要我離職去尋找更有挑戰性的工作,不要因那份退休金而遲疑不決。

因此,對於去留我真的是被撕成四分五裂。我一直想到我的孩子,我想我應該培養他們都能唸完大學,但是如果我換工作的話,則我勢必要大幅緊縮開支。不能在經濟上支持他們唸完大學,會使我產生罪惡感。然後太太又告訴我,我應該坦然接受現在的感受,說那是正常的中年危機感,並且應拋棄在這一把年紀的時候去換工作的荒謬想法。如果失去工作,我要做些什麼?如果我不能工作,我會變成怎樣的人呢?所有這些思慮,每次都在我想到自己必須被目前的工作夾住時,像無數沉重的石頭向我胸口壓來。我當然希望你能夠幫助我去除胸中這些塊壘,並且幫助我做成關於工作的決定。

1. 根據以上的敘述,你對於雷夫有哪些印象?你會願意去輔導他嗎?為什麼?你從初始晤談中所得到的想法,你會跟他一起分享嗎?如果是的話,你會如何告訴他?

2. 你可能會如何去輔導雷夫的兩個面:一部份的他想繼續留在現在的工作上,而另一部份的他想要離職?

3. 檢查一下你輔導雷夫時可能會設定的治療目標:

——提供他關於就業市場的訊息。

——提供他忠告，關於應留在現職或尋求新的工作。

——鼓勵他探索對於人生旅程的紛亂感及對於無法供應子女上大學的罪惡感。

——協助他處理害怕找新工作及然後無法勝任的恐懼感。

——協助他認清一旦不再工作時會變成如何的情形。

——挑戰他去處理如何向太太交代的問題。

4. 上述何項目標你認為最重要？重要性的認定有所改變的話，會如何影響你對於雷夫的輔導？

5. 對於如何協助他去除胸中的塊壘，你有哪些想法？

6. 對於協助雷夫處理那種被工作夾住的感覺，你有哪些想法？

鮑琳：瀕臨死亡的年輕女子

　　存在主義學派認為人都難免一死的事實，使人生賦有意義性。身為人，我們無法一直都能夠去實現自我的理想。因此，認清我們終必一死，會促使我們嚴肅地看待現在，以及評估目前正在走的方向。我們面臨的事實是，對於我們最想去做的事情，我們所擁有的時間就只有這麼多，所以我們在激勵下會仔細去檢查生活的意義性有多大。將存在主義的上述觀點緊記在心，然後假設有位二十歲的女當事人來到你任職的諮商機構。

一些背景資料

　　鮑琳最近得知自己患有白血球過多症（俗稱白血病）。雖然她的疼痛獲得某程度的控制，但醫生對她說她的病已屬於末期。鮑琳希

望諮商能幫助她處理此一危機，並且儘可能善用已剩不多的餘生。對於她的命運，她胸中裝滿憤怒，她並且一再自問為什麼這種事會發生在她身上。她對你說，她一開始無法相信這是真的，但是多方診斷的結果使她的一絲希望落空，這又使她更加生氣——怨恨上帝，嫉妒她那些身體健康的朋友，感受到自己受到不公平待遇。她告訴你，在未得知患病前，她正準備開始過新生活，她的事業也逐漸展現出方向。現在好了，一切的一切終將必須改變。告訴你這一些之後，她正等著你的回應。

待思考的問題

　　請在存在主義學派的架構下，思考一下問題：

1. 你想像一下當你碰到鮑琳這種遭遇的當事人時，你會有哪些立即的反應？你一開始會告訴她一些什麼？
2. 你自己對死亡的想法與感受是什麼？你想你的這些答案會如何影響你對於鮑琳的輔導？
3. 輔導鮑琳時，你會訂出哪些治療目標？
4. 你會以哪些方式處理鮑琳的憤怒？
5. 假設鮑琳告訴你，她前來尋求諮商協助的一項理由是她想接受她的命運。你會如何輔導她，讓她坦然「接受」命運？為了協助她充分利用時日不多的餘生，你可能會做哪些特定的事情呢？
6. 你看出有哪些想法可以協助鮑琳在面對死亡的陰影下，從餘生中找到生命的意義？

綜合測驗

是非題

T F 　1.存在主義治療法是一組發展良好的技術，用以培育當事人
　　　　的眞誠。

T F 　2.存在主義取向的治療者，在技術的使用上有寬闊的選擇。

T F 　3.根據沙特（Sartre）的說法，存在的罪惡感來自於察覺到逃
　　　　避爲我們自己做選擇。

T F 　4.存在主義學派認爲，我們之所以體驗到孤單，是我們做不
　　　　當的選擇後之結果。

T F 　5.在治療歷程中，技術是次要的，瞭解當事人主觀的想法才
　　　　是首要的。

T F 　6.存在主義治療法是從實證的測試中導出其觀點。

T F 　7.人類面臨的情況之一是，人同時是自由與須負責的。

T F 　8.焦慮最好認爲是一種精神官能症的顯現；因此，治療的首
　　　　要目標在於減輕焦慮。

T F 　9.存在主義治療法主要的歸類是一種認知取向。

T F 　10.存在主義取向是對於精神分析與行爲治療法兩者的一種反
　　　　動。

選擇題

＿＿＿11.存在治療法的基本目標是

　　　　a.擴大自我察覺。

　　　　b.增強做抉擇的潛能。

c.協助當事人接受為自己做抉擇的責任。

d.協助當事人體驗那種真誠的存在感。

e.以上皆是。

_____12.以下何者不是存在治療法的重要觀念？

a.本法築基於當事人與治療者之間的關係上。

b.強調一個人在決定自己命運時的個人自由。

c.最重視自我察覺。

d.本法築基於定義良好的技術與治療程序上。

e.以上皆非。

_____13.本取向的諮商員之功能是

a.擬訂出一套能加以客觀評估的治療計畫。

b.挑戰當事人的非理性信念。

c.瞭解當事人的主觀世界。

d.詳細探索當事人過去的歷史。

e.經由突破移情現象去協助當事人。

_____14.根據存在治療法的看法，焦慮是

a.性壓抑的結果。

b.人類面臨的狀況之一。

c.需要治療的精神官能症之症狀。

d.錯誤學習後的結果。

_____15.存在治療法最好視為是

a.瞭解人們的一種取向。

b.治療的一個派別。

c.一組設計來促使人們真誠生活的技術。

d.一種發掘遊戲本質的策略。

_____16.在與當事人建立起良好的治療關係上，下列何者是最重要
的特質？

    a.治療者對理論的瞭解。

    b.治療者應用技術的能力。

    c.治療者準確診斷的能力。

    d.治療者的真誠。

_____17.治療的中心課題是

    a.自由與責任。

    b.抗拒。

    c.移情現象。

    d.檢查非理性信念。

    e.以上皆非。

_____18.罪惡感與焦慮感被認為是

    a.不切實際的行為。

    b.幼年時期創傷遭遇造成的結果。

    c.應該去除或治療的狀況。

    d.以上皆是。

    e.以上皆非。

_____19.存在治療法強調

    a.能加以評估的特定行為。

    b.科學導向。

    c.教導／學習模式。

    d.關於成為一個完整的人之意義性。

    e.自我狀態的分析。

_____20.存在治療法基本上是

a.一種行為取向。

b.一種認知取向。

c.一種經驗取向。

d.一種行動導向的取向。

_____21.存在治療法強調

a.改變行為的系統化取向。

b.當事人與治療者之間關係的品質。

c.教會當事人認知與行為方面的因應技能。

d.探索幼年時期的創傷事件。

e.突破移情關係。

_____22.弗朗克強調

a.自由是一種迷思。

b.追求意義性的意志。

c.自我坦露是心理健康之鑰。

d.自我實現的理念。

e.無目的地投入宇宙中。

_____23.存在治療法可能會同意下列何者？

a.孤獨是超脫的象徵。

b.孤獨是需要治療的一種狀況。

c.最終我們都是孤獨的。

d.除非有宗教信仰，否則我們是孤獨的。

e.如果不為別人所愛，我們是孤獨的。

_____24.壞信念的觀念是指

a.未能準時付費給治療者。

b.過著不真誠的生活。

c.未能在治療的探險中與治療者合作。

d.孤獨的經驗。

e.不願意在生活中尋求意義性。

_____25.下列何者是存在治療法輔導多元文化當事人之限制？

a.著重在瞭解與接納當事人。

b.著重在從生活中尋求意義性。

c.著重在視死亡為促使人們更完全地過生活之催化劑。

d.著重在個人的責任，而非社會的條件。

7 個人中心治療法

章前自評量表

提示：請參照上面各章的提示說明，作答時請依照以下的數字系統：

5＝強烈同意

4＝同意

3＝不確定

2＝不同意

1＝強烈不同意

_____ 1. 在人們的內心最深處，都有一股親近別人及不斷促使自己完美的欲望。

_____ 2. 人們有能力瞭解自己的問題，也擁有解決這些問題的資源。

_____ 3. 治療的基本目標在於創造一種具有安全感的心理氣氛，使當事人不會感受到威脅，並因而撤除偽裝與防衛。

_____ 4. 治療者的功能主要不在於技術，而是其為人的風格與態度。

_____ 5. 有效能的治療者會利用他們自己來做為誘導當事人改變的工具。

_____ 6. 當事人會利用治療關係來建立與外界其他人們之間的新關係方式。

_____ 7. 在治療中，當事人毋需治療者的解析、診斷、評鑑、及指引就能夠有所進步。

_____ 8. 治療者與當事人之間的關係，是治療上有無進展的關鍵。

_____ 9.治療者的眞誠、準確的同理心、以及無條件的正面關懷,是
有效治療的重要特質。

_____ 10.當人們自由時,他們將能夠找出自己的路。

_____ 11.診斷與探索當事人過去的歷史,並不是重要的必備條件。

_____ 12.治療者對於當事人的感受,不應做任何價值判斷。

_____ 13.治療性的改變,取決於當事人的知覺認知。包括他們在治療
中獲得的經驗及對諮商員基本態度的認識。

_____ 14.當治療者運用同理心而對當事人的心聲感同身受的同時,
也要保持適當的距離,不能迷失在當事人的世界裡。

_____ 15.治療者的眞誠是建立治療關係最重要的條件之一。

_____ 16.治療者最好避免提供忠告給當事人。

_____ 17.治療可以毋需心理測驗或正式的診斷而進行。

_____ 18.當事人投入治療關係中會獲得充電,提昇自身的能力。

_____ 19.決定治療方向的主要責任在當事人身上,而非治療者。

_____ 20.在治療歷程中,探索移情現象旣非必要也不重要。

個人中心治療法複習

主要人物與重點

創立者:卡爾羅傑斯。個人中心治療法是人本主義心理學的一
支,強調現象學取向,發展於一九四〇年代,是精神分析治療法的
一股反動勢力。立論於應瞭解人們主觀的觀點,本法強調當事人有

自我察覺的潛能，以及能夠解決阻撓個人成長的障礙。在治療中，當事人是核心所在，而不是治療者。

哲學觀與基本假設

本取向對人性持正面的看法，認為人們天生都會追求使自己變得完整與完美。基本假設是，在治療關係中，由於治療者的關懷以及雙方那種個人對個人的互動，當事人會體驗到那些以前被自己否定或扭曲的感覺，並因而增進自我察覺。投入治療關係中會使當事人獲得充電，進而激發他們追求成長、完整、自發性、與內心自我導引的潛能。

重要觀念

每個人都能夠導引自己的生活；當事人有潛在的能力足以有效地解決生活問題，而毋需外界專家的解析與指導。本取向強調充分地體驗此時此刻，學習接納自己，以及決定改變的方式。本取向對於心理健康的看法是，一個人想成為怎樣的人跟實際上是怎樣的人之間的調和度。

治療目標

主要目標之一是提供一種安全與可信任的治療氣氛，使當事人利用治療關係去從事自我探索，進而察覺阻撓成長的各種障礙。經過洗禮之後，當事人往往會變得更開放，更能信任自己，更願意進

化而不是認定自己就是已定型的產物，以及更願意依照內心的標準
去生活而不是任憑外界意見的塑造。

治療關係

　　羅傑斯強調，治療者的態度與個人特質，以及雙方治療關係的
品質，是治療結果的首要決定因子。攸關治療關係品質的治療者特
質包括眞誠、非佔有性的溫暖、準確的同理心、無條件地接納與尊
重當事人、寬大、關懷、以及將這些態度傳達給當事人知道的溝通
能力。當事人能夠將他們在治療中所學的轉換到與外界其他人的關
係上。

技術與程序

　　因爲本取向強調當事人與治療者的治療關係，所以不標榜技
術。技術的重要性次於治療者的態度。本取向儘量不去使用指導性
技術、解析、詢問、探索、診斷、及收集歷史資料；相反的，本取
向則儘量使用主動的傾聽、感受的反映、及澄清。目前本取向所強
調的，是治療者把自己完全地投入治療關係中。

應用

　　本取向能廣泛地應用在許多個人對個人的場合上。本取向對於
個體諮商、團體諮商、學生中心敎導與學習、親子關係、及人群關
係實驗室等等，都是個有用的模式。本取向特別適合用在危機處理

的初始階段，並且其原則也已應用到行政管理上。

貢獻

　　本取向是脫離傳統精神分析的治療法之一，強調當事人的積極角色與責任，對於人性持正面與樂觀的看法，以及重視人們內在的主觀經驗。本取向使治療歷程變成關係導向，而非技術導向。本取向引發許多探討治療歷程與治療結果的實證研究，這些研究結果接著又反過來修正了原先暫時性的假說。本取向已應用於促使不同文化背景的人們齊聚一堂彼此瞭解，其觀念在多元文化環境下具有應用價值。

限制

　　一項可能的危險是，治療者由於僅反射他們所傾聽到的內容，很少把個人的人格特質帶進治療關係中。本取向不適用於無法做口語溝通的當事人身上。由於是個反歷史（ahistorial）的取向，因此本取向往往不重視過去的重要性。有一些主要的限制不是來自理論本身，而是某些諮商員對基本觀念的誤解，以及在實務上的應用過於教條化。

重要名詞解釋

　　正確的同理心之瞭解（accurate empathic understanding)：指知覺到他人內在的參考架構，掌握他人的主觀世界，同時又不會喪失對自己的認同感之一種心理能力。

真誠一致（congruence）：指諮商員內在的經驗與外在的表達吻合。

人本心理學（humanistic psychology）：常被稱為心理學的「第三勢力」。這股思潮強調自由、選擇、價值觀、成長、自我實現、轉化、自發性、創造、玩樂、幽默、高峰經驗、以及心理健康。

自我實現傾向(self-actualizing tendency)：人們內在一股追求成長的力量；將一個人的潛能充分發揮的驅動力；人們在治療關係中，能夠被信任去確認與解決本身問題的源頭基礎。

治療條件(therapeutic conditions)：治療關係使當事人產生改變的充分與必要條件。這些核心條件包括治療者的真誠一致、無條件的正面關懷（接納與尊重）、及正確的同理心之瞭解。

無條件的正面關懷(unconditional positive regard)：不帶價值判斷色彩地表達對人的一種基本尊重；接納一個人有權產生自己的那些感受。

討論問題

1. 你相信大部份的當事人毋需治療者的指導就有潛能去瞭解與解決本身的問題嗎？為什麼？

2. 個人中心治療法對人性的觀點是築基於以下的假設：「如果」能建立起一種尊重與信任的氣氛，則人們會有朝向正面與建設性的方向去發展的傾向。你接受上述前提至何種程度？

3. 個人中心取向強調傾聽當事人的行爲之較深層涵義，並讓當事人來引導治療的方向。在哪些情況下，你可能想要去闡釋當事人的行爲？你能夠想像出有哪些情況，你很可能想要藉著提出建議或引導當事人而做主動的干預？

4. 在輔導文化背景與你不同的當事人時，你認爲採取個人中心治療法會有哪些優點與缺點？

5. 不管實務上你採取何種治療取向，個人中心所強調的核心條件與關係型態似乎可做爲諮商的基礎。該理論的哪些基本觀念你可能會考慮融入自己的諮商風格中？

6. 如果你覺得無法接納某位當事人，那麼你會怎麼做？你看出眞誠與接納之間是否存在著衝突？

7. 如果你操持著自己的價值觀、感受、與態度，不去認同當事人的價值觀、感受、與態度，那麼你還算是眞誠一致嗎？如果你所建議的事自己也不曾去做，那麼你是不是不眞誠呢？

8. 哪些因素會干擾到你眞誠地對待當事人呢？你有那種希望得到當事人認可的需求嗎？因爲你希望當事人喜歡你，你會不會因此而避免去面質對方呢？

9. 做正確的同理心之瞭解，對你而言有何困難？你有足夠的人生經驗能協助你確認出當事人的內心掙扎嗎？

實務應用：反射當事人的感受

提示：個人中心取向強調從內在的參考架構去瞭解當事人。爲了做到這一點，治療者必須能夠辨別當事人的感受，準確地聽懂他們所

傳達的訊息，以及反射出他們所欲溝通的較深層涵義。諮商員常犯的錯誤是，幾乎僅重覆當事人所使用的字眼而做膚淺的反射。以下作業是設計來協助你學習抓住當事人傳達的較微妙之訊息，並能同時反射出對方說話的內容與感受。第一，請寫下一些能形容當事人的「感受」之字眼或片語；第二，請寫下如果要「反射」出你所聽到的話給當事人，你的回應會是如何。

範例：一位四十二歲的女性對你說：「我常常感到我是孤獨的，沒有人關心我。丈夫似乎不在乎我，小孩只會要求我，而每天清晨我就是害怕起床。」

　　a.這個人有哪些感受？<u>遭到忽略。未受重視。受人利用。不被人</u>
　　　<u>愛。覺得自己無用。</u>

　　b.反射出你聽到的話去回應對方。<u>我感受到大量的孤獨感與絕望</u>
　　　<u>感，一種「人生這樣繼續下去又有何意義？」的感覺。</u>

1.一位十七歲的男孩告訴你：「我無法再忍受這所學校了，它不再有任何意義。我覺得厭煩、受挫，而且痛恨這所學校。我很想今天就退學不唸，但這是愚蠢的行為，因為再過二個月我就要畢業了。」

　　a.這個人有哪些感受？ _____

　　_____

　　b.反射出你聽到的話去回應對方。 _____

　　_____

2.一位十四歲的女孩告訴你：「我好想離家出走。我的繼父總是批評我，而且約束我做一些我不想做的事情。媽咪總是站在他那一邊，甚至不聽我把話說完。他們一點都不信任我。」

　　a.這個人有哪些感受？ _____

_____

b.反射出你聽到的話去回應對方。_____

_____

3.一位五年級的小學生告訴你：「其他的小孩子都不喜歡我，他們
　總是欺負我、嘲笑我。我真的很努力去交朋友，但是每個人都討
　厭我。」
　a.這個人有哪些感受？_____

_____

　b.反射出你聽到的話去回應對方。_____

_____

4.一位三十三歲的女教師告訴你：「自從來此接受諮商之後，我真
　的注意到很大很大的不同。對於孩子我變得更為開放，而他們也
　注意到我的變化並且喜歡這種轉變。我現在甚至可以輕鬆地跟校
　長說話，而不再有那種小孩擔心害怕的感覺。」
　a.這個人有哪些感受？_____

_____

　b.反射出你聽到的話去回應對方。_____

_____

5.一位四十五歲的男士告訴你：「真是該死，自從太太離開之後，
　我無法思考任何事情，滿腦子都是她的影子。我悔恨過去未能做
　那些能令她留下來的事情，導致現在既無法從腦海中忘記她，也
　無法好好地過我的生活。」
　a.這個人有哪些感受？_____

_____

　b.反射出你聽到的去回應對方。_____

6.一位二十七歲的男士告訴你：「瞧！我現在還在唸大學，這對我的生活一無幫助。我的妻子雖然支持我唸書，但是在這之前，我知道她怨恨我不去外面找個工作做。不過，現在我知道我要的是什麼，也明白我過去之所以還留在學校，是因為父母親希望我把書唸完。」

a.這個人有哪些感受？ _____

_____

b.反射出你聽到的去回應對方。 _____

_____

個案範例

海赫嘉：憂鬱、有自殺衝動的當事人

海赫嘉因嚴重的憂鬱症而住過精神病院一段時間，她覺得自己沒有價值，數度想自殺了此殘生。她在德國出生與長大，十幾歲的時候隨家人遷居美國的新澤西州。她說，自從離開德國之後，她就不曾感受過家的感覺，並且即使現在返回德國，家的感覺也無法重拾。她一再地提到自己的孤單與孤立感。在生活中，她沒有朋友，沒有親密的關係，遭人排斥的感受深深地盤据心中。雖然她離開最後一家精神病院已有一年了，但是還須固定地返回接受門診治療。假設你是新來的諮商員，這是你第一次見到她。試想像一下在初始

晤談最初五分鐘中，你可能會如何輔導她。在第一次晤談中，她說：

> 我每天早晨都害怕起床，因爲所有事情似乎都相當煩人。我害怕我所做的事情最後都會搞砸。我看不出這樣繼續下去有什麼意義。我一直都想自己結束自己的生命。我確定自己對於周圍的人已無任何用處。我不能保住丈夫或任何工作，接著我又失去小孩。我感到自己没用，對自己充滿著罪惡感與恨意。不論我做什麼或嘗試什麼，我就是無法在漫長而黑暗、寒冷而令人害怕的隧道中看到一線光亮。我想到死亡，因爲這麼一來，我就不必再受苦了。

1. 對於海赫嘉所說的，你個人的反應是什麼？這會如何影響你？你傾聽她說話時，你有哪些感受？
2. 你從海赫嘉的自訴中聽到些什麼？
3. 從海赫嘉說出其感受的方式，你看到許多希望嗎？你相信她的心中也有一股正面的、值得信賴的、與自我實現的傾向動力嗎？
4. 你可能以哪些方式藉著自己去跟海赫嘉建立起關係，進而使她突破憂鬱症的陰霾？你認爲你跟她之間的關係本身就已足夠，或者還需要解析、指導性的技術呢？
5. 你能夠接納海赫嘉爲自己所做的選擇，包括自殺？接納她爲自己選擇自殺一途，這其中牽涉哪些法律與道德顧慮？你會如何處理她那些自殺的想法與威脅？
6. 你會想要探索她的德國背景歷史至何種程度，特別是她對於住在美國或德國都不再有家的感覺？
7. 你擁有足夠而類似海赫嘉的人生經驗，使你能夠運用同理心而進入她的經驗世界嗎？如果她告訴你：「你無法瞭解那種失根的感覺。我不屬於任何地方，而這種感覺對我的影響，我不認爲你能

夠體會。」，你會如何回應？

多瑞絲：打算離夫棄子的女人

多瑞絲在友人的推薦下來到社區的諮商中心，她有離家出走的打算，正感心頭紛亂極需專業協助。

一些背景資料

多瑞絲在阿肯色州出生與長大。父親在她小的時候是個酒鬼，如今已戒掉酒癮。父母親都有宗教信仰，而其父親還被描述為是個極端的保守主義者。多瑞絲有個弟弟，是家中的寵兒，現在是個入伍軍人。她說，父母對待她比對待兒子嚴厲，並時時提醒她婚姻與柔順角色的重要性。

多瑞絲在高一就中途輟學，於是在阿肯色州擔任修剪指甲的美容師，一直到三年前因結婚而遷往肯塔基州。從此開始擔任女侍的工作。他丈夫說，在這三年的婚姻中，他們既無爭吵也無打架，這一點多瑞絲是同意的。在六個月前，多瑞絲生下一個男孩，一切很順利，多瑞絲也自稱調適得很好，不過覺得人很累。二個月前，她與丈夫又遷往休斯頓，原因是丈夫得以加入一個業餘的樂隊。她於是在一家藥房擔任出納員的工作。在這段工作期間，她開始跟同事及顧客搞不正常的男女關係。在這同時，雖然丈夫以加入樂隊為樂，但是無法找到一份固定的工作，於是要求多瑞絲設法兼第二份工作，或在藥房裡加班工作。

多瑞絲正考慮離開她的丈夫與兒子，雖然她不確定自己的經濟是否能夠持續自給自足；她同時也想到以後兒子該怎麼辦，畢竟丈

夫的能力有限。不過,她堅持不想把兒子帶在身邊。

思考問題:

1. 對於多瑞絲想離家出走,你的態度如何呢?你對於這種事的價值
   觀如何呢?又,你的態度與價值觀會如何影響你去輔導她的方式
   呢?
2. 假設多瑞絲要你對於她想拋夫棄子的計畫提供忠告,你會說些什
   麼?你認為多瑞絲毋需忠告而自己可以做得多好?
3. 如果你接納多瑞絲為你的當事人,那麼你認為那些方式會對她最
   有幫助?
4. 多瑞絲目前對自己與對丈夫有哪些不願意接受的感受?個人中心
   治療法會如何協助當事人接納自己的感受及處理心中的那些痛
   處?
5. 以個人中心治療法的架構去輔導多瑞絲有哪些優缺點?

建議

現在可以採分組演練的方式,在個人中心取向的架構下,嘗試
進行輔導海赫嘉與多瑞絲。在演練中,可由一位同學擔任當事人,
另一位同學以個人中心取向的精神去輔導他,接著再換另一組同學
分別扮演當事人與諮商員。如果能夠分別嘗試扮演這兩種角色的
話,則必能更深刻地瞭解你喜歡或不喜歡個人中心治療取向的哪些
部份。並且扮演當事人之後,即使時間很短,也能夠使你更加瞭解
你自己。

綜合測驗

是非題

T F　1.個人中心治療法是一門發展完全或已定型的學派或治療模式。

T F　2.診斷當事人是治療的重要起點。

T F　3.本取向的一項主要貢獻是羅傑斯聲稱本取向尚屬待驗證的假說，並付諸實證研究。

T F　4.正確的同理心之瞭解，指瞭解當事人的主觀世界及對當事人做某種診斷。

T F　5.在當事人覺得自己「僵在」治療中時，則應施予指導性的治療措施。

T F　6.自由聯想是本療法的一部份。

T F　7.本取向認為治療方向的決定責任在當事人身上，而非治療者。

T F　8.本取向的一項限制，是它是一種長時期的治療歷程。

T F　9.移情現象被視為是本取向的核心。

T F　10.根據羅傑斯的說法，治療者的解析通常會干擾到當事人的成長。

選擇題

＿＿＿＿11.個人中心治療法的開創者是

　　　　a.Rollo May。

　　　　b.Frederick。

c. Abraham Maslow。

d. B.F. Skinner。

e. 以上皆非。

_____12. 個人中心治療是一種

　　a. 精神分析。

　　b. 人本主義治療法。

　　c. 行為治療法。

　　d. 認知導向治療法。

　　e. c.與d.兩者。

_____13. 個人中心治療法重視下列何者？

　　a. 正確的診斷。

　　b. 治療者能夠做正確的解析。

　　c. 移情關係的分析。

　　d. 以上皆是。

　　e. 以上皆非。

_____14. 真誠一致指治療者的

　　a. 真誠無偽。

　　b. 同理心之瞭解。

　　c. 正面的關懷。

　　d. 對當事人的尊重。

　　e. 帶價值判斷色彩的態度。

_____15. 在個人中心治療法中，移情

　　a. 是治療的必要而非充分條件。

　　b. 是治療歷程的核心所在。

　　c. 是一種精神官能症的扭曲現象。

d.是治療者無能造成的結果。

e.不是治療歷程的必要或重要因素。

_____16.無條件的正面關懷指

a.治療者接納當事人有權產生自己的那些感受。

b.治療者接納當事人身為一個人的價值。

c.接納當事人過去的所有行為。

d.a.與b.兩者。

_____17.正確的同理心之瞭解，指治療者能夠

a.正確地診斷出當事人的主要問題。

b.主觀地瞭解當事人的心理動力。

c.喜歡與關懷當事人。

d.感受當事人的主觀經驗世界。

_____18.以下何者是個人中心治療法最常用的技術？

a.詢問問題與探索。

b.抗拒的分析。

c.自由聯想。

d.主動傾聽與反射回應。

e.解析。

_____19.以下何者是對於個人中心治療法最正確的陳述？

a.治療者有時應做些價值判斷。

b.當事人沈默時，治療者應引導治療方向的進行。

c.治療者的技術比對當事人的態度重要。

d.治療者使用的技術不比對當事人的態度重要。

e.a.與b.兩者。

_____20.以下何者是個人中心治療法的一項貢獻？

a.呼籲重視人們內在的主觀經驗。

b.重視以研究去驗證取向的觀念與實務之效度。

c.提供治療者各種治療技術。

d.重視行為的客觀看法。

e.a.與b.兩者。

_____21.以下何者是個人中心治療法的優點之一？

a.提供廣泛的認知技術去改變行為。

b.教導當事人探索夢境涵義的方法。

c.強調重新去體驗幼年時期的經驗。

d.治療者有廣闊的空間去培養自己的諮商風格。

e.擬訂具體的計畫供當事人依循。

_____22.個人中心治療法的限制之一是

a.對於主要觀念未進行研究加以驗證其效度。

b.實務人員傾向於支持當事人，而未予以適當的挑戰。

c.不重視治療關係。

d.未能允許當事人為自己做決定。

_____23.羅傑斯的貢獻在於

a.為心理治療發展出人本主義取向。

b.率先投入研究以驗證治療歷程與治療結果。

c.致力於謀求世界和平。

d.開展會心團體運動。

e.以上皆是。

_____24.根據個人中心治療法的說法，當事人將朝向

a.自我信賴。

b.內在的評估標準。

c.對於各種經驗會更加開放。

d.願意持續追求成長。

e.以上皆是。

_____25.無條件的正面關懷指

a.產生喜歡當事人的感受。

b.接納當事人是有價值的人。

c.贊同當事人的行為。

d.同意當事人的價值觀。

e.如果當事人符合治療者的期望，則接納他們。

8 完形治療法

章前自評量表

提示：請參照前面各章的提示說明作答。

5＝強烈同意

4＝同意

3＝不確定

2＝不同意

1＝強烈不同意

_____ 1.人們必須找出自己人生的道路，並且如果希望達到成熟地步的話，則必須接納個人的責任。

_____ 2.在治療中，整合比分析重要。

_____ 3.將治療的焦點放在此時此地，比放在過去或未來重要。

_____ 4.治療者詢問「什麼（what）」與「如何（how）」等問題，會比詢問「為什麼（why）」的問題更有收穫。

_____ 5.治療不應只談論感受與經驗，更有收穫的作法是試著去體驗那些彷彿發生在現在的感受。

_____ 6.一個人的過去，跟目前的問題主題有所關聯時才有其重要性。

_____ 7.有些人會沉緬在過去，是由於為了替不願意為自己的行動或成長負起責任找藉口。

_____ 8.治療的一項主要目的，在於擴大一個人的自我察覺能力。

_____ 9.精神官能症是為了防堵威脅性的感受，並將之推至背景環

境而產生的結果。

_____10.過去的未竟事務，經常會顯現其影響在人們目前的問題功能上。

_____11.災難性的期望或幻想，會阻止人們為了現在活得更完全而去冒必要的風險。

_____12.治療的一項基本目的，在於挑戰當事人從尋求環境的支持轉為尋求自我的支持。

_____13.察覺本身在治療中，就是一個具有療效的因素。

_____14.治療應該著重在當事人的感受、目前的察覺、身體訊息、以及阻撓察覺的障礙。

_____15.治療者的主要功能在於協助當事人察覺此時此地的體驗，包括「什麼（what）」與「如何（how）」。

_____16.治療者應避免對當事人的行為做詳細的診斷、解析、與說明。

_____17.在治療中，注意當事人的身體語言與其他非語文線索，是極為重要的。

_____18.隨著治療的開展，應期待當事人為自己的想法、感受、與行為負起越來越多的責任。

_____19.治療者應將與當事人在此時此地做會心接觸中的知覺與體驗，主動地跟當事人分享。

_____20.治療技術在設計上，應針對協助當事人更能察覺到自己那些零碎與脫離的部份。

完形治療法複習

主要人物與重點

開創者：福律茲培爾斯。主要人物：波爾斯特二氏。本取向是一種體驗治療法，強調此時此地的察覺，以及將人格中零碎的部份整合起來。本取向把焦點放在行為的「什麼（what）」與「如何（how）」上，並且重視過去未竟事務對人們目前的運作功能之影響。

哲學觀與基本假設

完形哲學根源於存在哲學與心理學。它強調心靈、身體、與感受的統一。基本假設是，個體應對自己的行為與體驗負責。本取向在設計上是協助人們更完全地體驗目前的時刻，及察覺自己正在做些什麼。本取向之所以稱為「體驗的」取向，是因為在當事人與治療者的互動中，當事人會抓住他們正在想些什麼，感受到什麼，以及做些什麼。這當中的假設是，成長的發生是經由個人的接觸，而不是經由治療者的技術或解析。本取向假設當事人有能力感受、知覺、與解析，因治療此在於孕育當事人的自主性，並期望當事人在治療中應積極主動。

重要觀念

重要觀念包括接納責任、此時此地、直接體驗（相對於談論）、察覺、逃避、將未竟事務從過去帶進現在、以及僵局的化解。其他觀念包括能量與能量的障礙；接觸與抗拒接觸；以及非語文線索。在完形治療中，挑戰五種抗拒接觸的方式，即內化、投射、迴射、解離、及混淆。

治療目標

目標在於挑戰當事人從尋求外在環境的支持，轉爲尋求自己內在的支持，以及增強時時刻刻的察覺力，這本身即具有療效。經由察覺，當事人能夠認清自我那些遭到否定的部份，並進而重新整合這些部份。

治療關係

本取向強調我和你（I/thou）的關係，重點並不放在治療者所使用的技術，而是放在治療者的態度與行爲上。諮商員會協助當事人更完全地體驗所有的感受，並由當事人自己做解析。治療者不替當事人做解析，但是會把注意力放在當事人的行爲是「什麼（what）」與「如何（how）」上。當事人從治療中會去確認出自己過去有哪些未竟事務，這些未竟事務會阻礙人們目前的運作功能，至於確認的方法則是將這些過去的情境帶到現在，彷彿發生在眼前，然後重新

去加以體驗。

技術與程序

　　本取向的許多技術是設計來強化直接的體驗，以及整合那些彼此衝突的感受。在理想的情況下，技術係使用在治療者與當事人之間的對話中。完形治療法的實驗是經驗學習法的礎石。本取向強調面質當事人逃避爲其感受負責的矛盾處與方式。在治療中，當事人會投入角色扮演，並經由演出各個不同的部份而更清楚地察覺到自己內在的心理衝突。爲了有效地進行完形程序，當事人必須爲此等實驗預做準備。如果當事人顯現出抗拒，則是值得探索的豐饒素材。重要的是，治療者應尊重當事人的抗拒，不應強迫對方參與任何實驗。

應用

　　本取向很適用於團體諮商，不過也適用於個體諮商。在確定使用完形技術的適當性時，應思考「時機」、「應用在何人身上」、以及「在何種情況下應用」等問題。完形技術應用在那些過度社會化、自制、受壓迫的人們身上最爲有效。此外，也很適合用於輔導夫妻與家族。完形的方法對於打開人們的感受，並使當事人能接觸他們當時的體驗，是相當強力的催化劑。

貢獻

本取向鼓勵直接地接與表達感受，不強調將一個人的問題做抽象的闡釋。深入地體驗可以發生得很快，因此本取向的治療可以相當短。本取向除了重視此時此地之外，也肯定探索過去的價值性；除了重視人們應確認出自己有那些投射情形與拒絕去接納無助感之外，完形治療法也注意各種非語文訊息。本取向強調行動與體驗，這相對於只詳細地談論問題；不僅處理異常，也提供成長與提昇之道。至於本取向處理夢境的方法具有創意，能增強當事人察覺在生活中一些重要的存在訊息 (existential messages)。

限制

本取向由於不重視智性的闡釋，因此傾向於忽視認知因素。在無能的治療者手裡，完形的治療療程會變成一系列機械式的練習，而治療者就躲在這些練習後面。完形治療法的理論基礎尚有琢磨精進的空間，並且由於其技術強而有力，所以治療者有操縱當事人的可能。為了消除掉這些缺點，完形治療法須經過訓練與受過監督，而且治療者也應時時反省自己。

重要名詞解釋

察覺（awareness）：注意與觀察自己的知覺、思考、感受、與行動的歷程；把注意力放在自己現時的體驗中之流動性質。

混淆（confluence）：指喪失自我與外在環境之間的邊界意識。

面質（confrontation）：指引發當事人去察覺語文表達與非語文表達之間，感受與行動之間，以及想法與感受之間的差異。

解離（deflection）：一種由於模糊與間接而逃避接觸與察覺的方式。

二分法（dichotomy）：指人們體驗或理解對立力量的一種劃分法；二極化（弱／強，獨立／依賴）。

實驗（experiments）：指設計來提高此時此地察覺的技術；當事人試著測試新的思考、感受、與行為之活動。

內化（introjection）：指不加評判地接納別人的信念與標準，也即未經消化就納進自己的人格中。

防衛模式（modes of defense）：指逃避的五層精神官能症障礙：虛假層，恐懼層，僵局層，內爆層，及爆發層。

投射（projection）：指我們不承認自己的某些部份，而將它們歸咎給外在環境的歷程。

迴射（retroflection）：指人們將想對別人做的事情轉而對自己做之行為。

未竟事務（unfinished business）：幼年時期未表達出來的感受（諸如悔恨、忿怒、罪惡感、悲傷），而這些壓抑的感受阻礙了成

人後的心理運作功能；未被認知的感受所產生的不必要之情緒碎片，這些集合起來會擾亂到以現在為中心的察覺。

討論問題

1. 完形治療法以此時此地為焦點，你認為其價值與限制各如何？你認為該療法對於過去與未來的處理是否足夠？請說明。

2. 完形治療不鼓勵問「為什麼」，而把注意力放在體驗是「什麼」與「如何」，對此你有何意見？你是否同意「為什麼」之類的問題，一般而言會導致頑固的沈思？

3. 完形治療法傾向於重視人們時時刻刻的「感受」。你是否同意此種強調可以阻止人們去思考其體驗？

4. 完形治療法具有面質性。雖然在面質時可以配合關懷、尊重、及敏銳地注意當事人的反應，但是仍有一些危險。依你個人之見，這些危險是什麼？

5. 本章中介紹了完形治療法的各種技術與實驗。在運用這些技術時，你會有幾分自在呢？你認不認為在運用這些技術之前，「你」個人應以「當事人」的身份去體驗一下這些技術？你應如何讓你的當事人準備好，使他們從完形練習中獲益呢？

6. 在完形治療法中，處理過去的方式是，將過去帶至現在，並面質一些重要人物，彷彿他們就在現場。這種作法是為了讓當事人「現在」去體驗一些心理衝突，這相對於只去談論問題的皮毛。對此作法，你有何意見？

7. 過去的未竟事務會如何影響人們現在的運作功能呢？你能夠想出

自己的生活中有哪些未竟事務對於今日的你有顯著的影響嗎？完形治療法在這些領域如何對你有幫助？

8.假設你任職的機構須輔導各種不同文化背景的當事人，你認為使用完形技術會有何優點與缺點？

9.完形治療法與個人中心治療法對於人性有相同的哲學觀。唯前者依賴技術，後者則不強調技術與治療者的指引。你認為應如何將個人中心治療法的一些觀念整合至完形治療法中來？為什麼？

10.完形治療法對你個人的成長有哪些涵義？你如何應用完形技術、實驗、及觀念，做為進一步自我瞭解與促進人格改變的方法？

個人應用上的議題與問題

1.當一個人談論他（她）過去的問題時，則可要求對方將過去的劇情複製到現在來演出，彷彿發生在眼前一般，使對方以想像的方式在心理上重新體驗一遍過去的感受。下面是兩個簡短的範例，其一是當事人只是談論他過去與父親之間的問題，其二則是以想像的方式直接跟父親說出內心的話。

範例一：在我小的時候，父親不曾親近我。我希望他能給予我某種肯定，以及確認我的存在。然而，他總是做著其他的事情。我知道我怕他，並且因他不能更像父親一點而有點恨他。那些時候我一直感受到他排斥我，我猜想這也是為什麼我無法對自己的小孩表達出情感的原因之所在——因為我不曾從父親身上得到過愛。你認不認為那是我為什麼無法「真正地」親近我的孩子的原因？

假設你是完形治療法的諮商員，在上述的範例中，你不要去回答當事人最後所提出的問題，而要求他「直接跟父親說出」——也就是想像他自己再度是個十六歲的孩子，然後向父親說出他以前未曾說出的話。要求當事人再度去體驗那種遭到拒絕的感受，彷彿事情就發生在眼前，然後對他的父親說出他的感受。

範例二：爹地，你是知道的，我受過很深的創傷，因為我真正想要的是你重視我。我一直試著討好你，但是不論我如何努力，你就是不曾注意過我。我好恨，因為我不知道該怎麼做才能讓你關心我。我很怕你，因為我擔心一旦讓你知道我的感受之後，你會痛打我一頓。我是多麼希望知道怎麼做才能取悅你啊！

你有沒有看出上述二個範例之間的不同呢？你認不認為後者較能讓當事人更完全地體驗他那種遭到拒絕的感受？現在，選定「你」自己縈懷在心的一項心結，接著做兩件事情：(1)深思熟慮地談論你的問題，及(2)藉著想像，讓你的問題在此時此地的架構下發生。並比較上述兩種表達方式的差異處。

2.未竟事務通常牽涉著怨恨、忿怒、痛苦、焦慮、罪惡感等未表達出來的感受。因為這些感受未曾表達出來，所以會影響到人們現在跟自己與別人的有效接觸。試確認出你目前的生活中，哪些地方受到過去未竟事務的影響。你認為它們會不會妨礙你從事諮商員的工作？如果在處理當事人的未竟事務時，發現自己也有類似的問題時，會造成困擾嗎？

3.根據培爾斯的說法，我們必須把怨恨表達出來，因為未表達出來的怨恨會轉為罪惡感。試進行以下實驗：首先將你意識到的所有罪惡感列出來，接著把「罪惡感」這個字眼換成「怨恨」，看是否

適合轉換。例如，你可能會說，「因為我無法賺到更多的錢讓妻小過更高尚的生活，我感覺到罪惡。」接著把「罪惡」這兩個字換成「怨恨」，並把你單子中的各個項目一一依此類推做完。

4.完形治療法認為，災難性的期望會導致我們的感覺僵化。試著想像如果 _____，則某種可怕的情形就會發生；並列出有哪些具有威脅性的感受或災難性的幻想，使你不敢去冒某些風險。這當中有哪些不合理的恐懼？由於存著那些期望，使你避免去冒的風險有哪些？你將如何去處理當事人的災難性期望？

建議活動與練習

提示：有一些完形技術可以在課堂中加以體驗。在進行以下的練習之前，最好先複習一下教本中關於完形練習的描述說明。

對話練習

有個人掙扎於維繫住婚姻，或追求自由不再被任何女人綁住。這個人於是被要求坐在房間的中央，那兒放置了二個枕頭，然後讓他心中的二個部份進行對話，一個部份希望維繫住婚姻（A），另一部份希望追求無拘無束的自由（B）。

A：被一個女人愛上的感覺很棒，而且我希望能夠從一而終。

B：當然囉，但是有些時候婚姻很累贅。長期只跟一個女人生活在一起會發霉，感覺會酸掉。試著想像一下你因為劃地自限而喪失了多少樂趣？

Ａ：但是你也要顧及被其他女人拒絕的風險。此外，我「確實」滿
　　足於我目前所擁有的。再去認識別的女人，搞不好可能會導致
　　非常寂寞孤單。

Ｂ：但也可能十分刺激。現在你不是自由身，所以即使你不孤單，
　　但也不刺激。

Ａ：但是爲了追求更多的刺激，而冒著失去婚姻的風險，這代價未
　　免太高了。

Ｂ：你的婚姻好得令你不想去挑戰它嗎？試著想想當單身漢所能享
　　受到的諸多樂趣吧！

　　現在想想你自己內心有哪些二極化的衝突，並讓雙方面進行對
話。例如，你一方面希望有人愛，你一方面又告訴你自己不想從任
何人身上得到什麼；或一方面希望自己溫和親切，另一方面又希望
自己具有侵略性與嚴厲；或一部份的你想堅持奮戰，另一部份你想
放棄。

「我爲……負責」

　　本練習的目的在於協助你爲自己的感受負責。進行的方式是，
大聲地敍述出你的感受，接著加上一句「但我要爲它負責」。例如，
如果你覺得無助，你就說，「我覺得無助，但我須爲我感到無助負
責。」其他的感受如厭煩、孤立、受到排斥、愚蠢、不被人愛等等，
都可依法泡製。

「我有一個秘密」

這個練習可用來探索害怕、罪惡感、及災難性期望。試著想想你個人的秘密。毋需真的與別人分享，但是想像自己透露出秘密。讓別人知道這些秘密，你會害怕些什麼？想像一下別人的反應會如何？

倒轉技術

當一個人一直試著否定或否認其人格中的某一部份時，本練習有時會相當有用。例如，一個常扮演「粗暴傢伙」的人，會把自己溫柔的一面隱藏起來，或一個好好先生也許會否認他那些對別人不好的負面動機。進行本練習的方式是，選定你自己的一項特徵，接著儘量扮演出相反的特徵。你從練習中得到了哪些體驗？又，從體驗中你認為此一技術有哪些價值與限制？

預演練習

我們大部份的思考都是在進行預演。在想像中，我們預演著我們期望自己在社會裡扮演的角色。本練習的進行方式是，選擇一些你通常能夠預演所有正反兩面理由的情境，例如向某人提出約會邀請、應徵工作、或面對一位你害怕的某人，接著大聲地「預演」細節，並儘量用心去體驗當中的感受。

誇張練習

本練習是要引起人們注意身體語言與非語文線索。本練習進行的方式是，重覆地「誇張」某個動作——手勢或姿勢。例如，如果你習慣性微笑（即使在受創傷或憤怒的時候），則誇張地在每個團體成員面前表達這種微笑；或是你習慣性皺眉，則在每個團體成員面前誇張地皺眉。其他可使用誇張技術的行為例子包括：以手指指著人、雙手叉胸、抖腳、緊握拳頭、以及搖手等。當你誇張某些行為時，你有哪些體驗？你看出此一技術有哪些價值與限制？

完形夢境治療

請試著想你的一個夢境，並以完形的方法去處理。為了示範處理的過程，我（指作者）在此提供我個人的一個夢境及處理過程。

夢境

在夢中，我跟懷第爾高中（我曾任職過的高中）的校長在談話。他告訴我，因為我希望有間私人辦公室並希望把課程只排在三天，使他覺得很煩心。我回答：「我不是要求私人辦公室，而是請求。這為什麼會令你心煩呢？」他接著告訴我，是我說話的語氣讓他覺得我在要求，而且他覺得並不合理。我就告訴他，除了標準課程之外，我還希望能夠提供心理治療服務給在校生。他立即切斷話題，說不能那樣做。我繼續向他力爭：「我不是想跟你辯，但是我也不是一個『乖乖先生』，畢竟我已經出版了好幾本書，我想你不應該小

看我。」說著說著就有輛車撞到他的車（我們兩人都在車中），而我還想繼續談下去。他說，「我現在沒有時間再說了」，我則回答說，「好吧，看我說的對不對，我想你似乎很討厭我說話的語氣與態度」。當時他顯然只關心他那被撞壞的擋鈑，以及那位撞車後立即逃逸的車主，而我則堅持將討論內容做一結論。

探索夢境訊息的一個方法是「化身成為」夢中的各個部份，茲示範如下：

化身為校長：「我希望你不要來煩我。你一直要求特別待遇，但是我還有其他老師要照顧，我必須一視同仁。」

化身為為Corey：「看，如果我不對你說，你永遠也不知道，而我也不可能得到。我能夠做出特殊的貢獻，而且我也希望有機會貢獻。」

化身為校長的白髮（校長的頭髮是灰白的）：「我比你老，而且比你有智慧。這不是你可以跟我爭論的地方。聽我說，並且不要再來對我提出特殊要求。」

化身為擋鈑並對校長說：「我受傷，必須立即送修。撞我的那個女人已經逃逸了。我被撞得陷進輪胎中，你的車子不能動了。」

化身為校長對擋鈑說：「這是一件重要的事情，我必須逮到那個撞我車的女人。看她對你做的好事，而且她什麼都沒交待就逃逸了。」

化身為Corey對擋鈑說：「哇！你被撞成這樣，那個女人又逃逸無蹤，這真是不應該。也許我該記住她的車牌，但實在是太模糊了。不過話說回來，這也沒有什麼大不了的，你不過只是一片擋鈑，千千萬萬擋鈑中的一片。」

註釋

　　讓夢境中的各個部份之間對話，會費上一些時間。重要的是，我避免從智性的層面去闡釋夢境，或只是以看待過去發生的事情那種心態去敘述夢境。有益的地方在於，我會儘量讓自己重新活在夢中，充份地「融入」夢中的每個角色，讓那些我自己未曾知覺到的反應流動起來。當進行到這裡時，我會自問：「從夢中得到的主要感受是哪些？我的夢告訴我什麼？」我從夢中得到的一項信息是，我不會甘心於遭人忽視。我希望擁有按自己意願去做事的自由，然而我害怕有「權威人士」前來對我頤指氣使，並且不把我當一回事。我覺得有時候我必須據理力爭，來保住我對自己的認同感，而不是像紙牌遊戲中被人洗掉的廢牌。

記錄與處理你的夢

　　試著利用一段時間去回想（或最好是寫下來）你的夢。接著經由完形的夢境處理程序此時此地重新活在夢中。努力讓自己融入，儘量一點一點地去體會。進行完畢之後，對夢境所透露的信息做一註釋，相信可以得到一些清楚的訊息。如果能夠把你的夢境分析結果錄音，並在課堂上以分組的方式彼此分享，學習效果會更好。

個案範例

凱倫：焦慮於爲自己做抉擇

　　凱倫是個二十七歲的女孩，她掙扎於是否遵循宗教與文化從小對她的薰陶。以下是她初始晤談中對你透露的心聲。

　　不久之前，凱倫還認爲自己是個「好的天主教徒」，也不怎麼質疑她所受的教育。她不曾眞正認爲自己是個獨立的女性；在許多方面，她覺得自己像個孩子，一直強烈地尋求權威人物的認可與指導。凱倫告訴你，在她受薰陶的文化裡，她所受的教導是要尊敬父母、老師、牧師、及其他年長者。每當她想主張自己的意志時，如果這跟任何權威人物的期望相左，她就會產生罪惡感，並懷疑自己。她一直在天主教會的學校受教育，包括大學在內，並且非常忠誠地遵循教堂的道德戒律與一切的教誨。她還沒結婚，甚至也不曾跟男人有過長期的關係。凱倫沒有性經驗，這不是因爲她不想，而是她害怕因此無法面對自己，以及使她心懷罪惡。她覺得那些戒律使她受到很大的限制，而且她認爲它們在許多方面不但僵化而且不切實際。然而，她另一方面又非常害怕背離這些戒律，即使她非常質疑它們的有效性，並且察覺到「她」對這些道德戒律的看法已經越來越偏離她以前的觀點。基本上，凱倫的疑惑是：

　　如果我現在的看法是錯的，那會怎麼樣？我如何能決定何者道

德、何者不道德呢？我一直受到的教導是：道德戒律是清楚明確的，不能因個人的方便而隨意更改。我發現自己很難接受教堂的許多教誨，但是我無法真正忘掉那些我不能接受的觀念。如果真的有地獄，而我又堅持走我自己的路，那麼我將永遠被唾棄。如果我發現自己「變野」了，並因而失去自尊，那又該怎麼辦？如果我不遵循那些道德戒律，我能夠面對我的罪惡感嗎？

除此之外，凱倫對於文化套在女性角色上的限制也感到質疑。一般而言，她認為自己的特質是依賴、優柔寡斷、忌憚那些權威人物、心態保守、社交狹隘、以及無法對自己的人生做決定。雖然她希望自己變得更果斷，以及在別人面前能更自在地表現出自己，但是她有高度的自覺意識，並且「她腦袋中會有聲音」告訴她應該或不應該做什麼。她希望在許多方面能跟現在不同，但是她很懷疑自己是否足夠堅強去抵擋父母、文化、與教堂對她灌輸的一切教誨。

假設凱倫在社區的輔導中心接受一系列的諮商治療，你因而獲知她的資料，而她想尋求你的協助是，幫她釐清她認定的道德生活與過去接受的道德戒律之間的糾纏。她說，她希望學習如何信任她自己，以及能夠有勇氣去認清她的信念，並做為處世的準則。在這同時，她覺得無法處理價值觀，害怕自己會是錯誤的。就以上所述，你會如何進行輔導她呢？

1.你認為凱倫的基本衝突是什麼？歸納其心理掙扎，特性是什麼？
2.你認為她會不會在某些方面把你看成另一個權威人物，會來告訴她什麼是對的及什麼是錯的？你如何測試這項可能性？你如何在不成為她另一個認可或不贊成的來源之下去協助她？
3.這個案例產生了許多值得你去深思的議題，包括：

a. 你能夠尊重她的文化價值觀，同時又能夠協助她產生她所希望的改變，即使這些改變偏離了文化傳統？

b. 也許薰陶凱倫的文化認為女人應該保守、不果斷、克制自己、及尊敬權威人物。你會試著協助她去適應這些文化準則，或鼓勵她遵循另一套新的標準？

c. 你能夠避免把自己的價值觀套在凱倫身上嗎？你會鼓勵她往哪些方向去調整？

d. 對於顯現在本案例中的性別角色議題，你個人的觀點是什麼？你在這方面的價值觀會如何影響你輔導凱倫時所採行的干預措施？

4. 在輔導凱倫時，你想你可能會採用下列的哪些完形技術？

_____ 要求她的心理衝突之各個部份進行對話。

_____ 要求她的亞洲文化面與美洲文化面進行對話。

_____ 建議她寫一封信（不寄出去）給她的父母親，告訴他們她希望在哪些方面能夠不同於他們對她的期望。

_____ 請她構思一場由果斷的女性與優柔寡斷的女性之間所進行的對話。

_____ 要求她大聲預演出她任何想到的東西。

_____ 要求她「扮演」一位重要的權威人物，並對於坐在空椅上的凱倫做一番訓誨。

_____ 要求她以想像的方式跟她的男友進行一場對話，對他說出任何她未曾說出的心聲。

_____ 要求她儘可能想像自己變得非常狂野，以及如果她失去所有的自制力之後可能會發生的壞事情。

5. 列出你輔導凱倫時可能採用的其他完形技術：

_____

_____

_____

6. 凱倫說，她覺得她的道德戒律使她受到非常大的限制，並認為這些戒律是僵化與不切實際的；在這同時，她又害怕背離這些戒律。請在完形治療法的架構下，思考你可能會如何協助她自己去釐清她的價值觀？

7. 對於凱倫的教養所涉及的議題，你的價值觀是什麼？你認為你的這些價值觀會如何影響你對她的輔導？請說明之。

玲達：懷孕的危機

　　假設你任職於社區的諮商中心，你的取向是完形治療法。有一天，某所高中的輔導中心因學校政策的限制轉介一位十五歲的玲達前來，希望你能輔導她幾個月。

一些背景資料

　　玲達來自一個關係綿密的家族，一般而言，她覺得自己一旦有任何問題，都可以從父母處取得協助。但是現在她說她就是「無法」向他們求助。雖然她跟男友一直在未避孕的情況下發生超友誼關係，時間已有一年之久，但是她很清楚她是不能懷孕的。當她確知自己懷孕時，她期望她那十六歲的男友會願意娶她。不幸的是，郎心似狼，他並不願意，甚至懷疑她肚子裡的孩子不是他的。對此她受到很深的傷害而且憤怒。在友人的建議下，有段時間她考慮墮胎，但是最後做罷，因為她覺得自己無權結束這麼一個新生命，而且一

且做了之後，自己無法克服由此產生的罪惡感。又有友人建議她把生下來的小孩送人收養，但是她更是完全無法接受這個安排，因爲她確信自己無法在生下小孩，然後再「拋棄」這個小孩之後還能自在地過生活。於是她打算生下小孩，成爲單親媽媽。然而當諮商員爲她指出這項決定背後所牽涉的實際情況之後，她也覺得行不通──除非她把實情稟告雙親，但是她又不願意這麼做。現在隨著肚子越來越大，她的恐慌感也逐步增加。

思考的問題

　　玲達同意接受你幾個月的輔導，而你將使用完形治療法。

1. 當學校輔導中心的諮商員對你做一番說明之後，你能想像自己最初的反應是什麼嗎？當那位諮商員把玲達介紹給你時，你可能對玲達說些什麼？你想你「最」想跟她說些什麼？

2. 對於案例中的事情，你的價值觀是什麼？而這些價值觀又會如何影響你的輔導工作之進行？你會不會傾向於把自己的價值觀透露給玲達，讓她知道你的立場？你可不可能傾向於伸張你的價值觀，使治療工作走上一特殊的方向？

3. 在某個時間點，你可能會輔導玲達處理她對男友的怨恨及受到的傷害。哪些完形技術可用來協助她探索這些感受？哪些技術可用來處理玲達因自覺未能符合父母高度期望而產生的罪惡感？你又可能使用哪些完形技術（及預期哪些結果）去處理玲達因懷孕而衍生的其他感受？

4. 當你輔導玲達時，對於非語文溝通會多重視？你能想出玲達的身體訊息可能跟她說出的話產生矛盾之例子嗎？

5. 如果有的話，在這個案例中使用完形治療法有哪些限制？你會喜

歡援用這個治療取向去輔導玲達嗎？

6.在這個案例中使用完形治療法有哪些優點呢？

綜合測驗

是非題

T F 1.抗拒是指我們產生的防衛，目的在於逃避充分且眞實地去
體驗現在。

T F 2.受到阻礙的能量可以視爲一種抗拒的型式。

T F 3.完形治療法的基本目標在於讓當事人適應社會。

T F 4.完形治療法的最近趨勢是更強調面質，治療者更增添匿名
性，以及更依賴技術。

T F 5.夢含有存在訊息，而每個夢境處理會導致將自我那些遭到
否認或脫離的部份加以消化吸收。

T F 6.根據培爾斯的說法，治療技能與技術方面的知識是治療成
效的最重要因素。

T F 7.治療者的一項功能是去注意當事人的身體訊息。

T F 8.完形技術的主要目的在於敎導當事人做理性的思考。

T F 9.治療者的一項主要功能在於解析當事人的行爲，使他們能
夠開始去思考他們的行爲型態。

T F 10.培爾斯認爲未竟事務最常見的來源是怨恨。

選擇題

_____11.完形治療法的創始者是

a.Carl Rogers。

b.Sidney Jourard。

c.Albert Ellis。

d.William Glasser。

e.以上皆非。

_____ 12.以下何者對完形治療法的描述不正確？

a.焦點放在行為的「是什麼」與「如何」上。

b.焦點放在此時此地。

c.焦點放在整合人格那些四分五裂的部份。

d.焦點放在過去的未竟事務。

e.焦點放在行為的「為什麼」上。

_____ 13.以下何者不是完形治療法的要觀念？

a.接納個人的責任。

b.智性地瞭解一個人的問題。

c.察覺。

d.未竟事務。

e.僵局的處理。

_____ 14.根據完形治療法的觀點

a.察覺本身即具有療效。

b.察覺是導致改變的必要而非充分條件。

c.沒有特定行為改變的察覺是沒有用的。

d.察覺包括瞭解問題的原因。

_____ 15.完形治療法的基本目標在於協助當事人

a.從尋求環境支持轉為尋求自我支持。

b.確認他們的運作功能處於何種自我狀態。

c.發掘潛意識動機。

d.突破與治療者之間的移情關係。

e.挑戰他們的人生哲學觀。

_____ 16.僵局是指治療中當事人

a.逃避體驗具威脅性的感受。

b.體驗到一種「黏住」的感覺。

c.想像某種可怕的事情將會發生。

d.以上皆是。

e.以上皆非。

_____ 17.完形治療法是

a.一種洞察治療法。

b.一種體驗治療法。

c.一種行動導向治療法。

d.以上皆是。

e.以上皆非。

_____ 18.完形治療法鼓勵當事人

a.深入地體驗感受。

b.停留在此時此地。

c.突破僵局。

d.注意自己的非語文訊息。

e.以上皆是。

_____ 19.完形治療法把焦點放在

a.當事人與諮商員之間的關係。

b.自由聯想當事人的夢境。

c.認清自己的投射與拒絕接納無助感。

d.瞭解為什麼我們會有哪些感受。

e.以上皆是。

_____20.完形治療法的貢獻是

a.能讓深層的體驗快速發生。

b.可以是相當簡短的治療法。

c.強調做與體驗，而不是只談論問題。

d.以上皆是。

e.以上皆非。

_____21.以下何者是一種分心的歷程，會使人們跟別人難以保持連續性的接觸？

a.內化。

b.投射。

c.迴射。

d.混淆。

e.解離。

_____22.以下何者指我們將希望對別人做的事情轉回在自己身上？

a.內化。

b.投射。

c.迴射。

d.混淆。

e.解離。

_____23.以下何者指毫不批判地就接受別人的信念？

a.內化。

b.投射。

c.迴射。

d.混淆。

e.解離。

_____24.以下何者指對自我與環境之間的區隔無法清楚地察覺？

　　　a.內化。

　　　b.投射。

　　　c.迴射。

　　　d.混淆。

　　　e.解離。

_____25.完形治療法應用在不同文化背景的當事人時，有哪些限

　　　制？

　　　a.那些受到文化制約或心態保守的當事人也許無法瞭解體

　　　　驗技術的價值性。

　　　b.當事人也許會抗拒將焦點放在情緒的淨化作用上。

　　　c.當事人也許會尋求解決特殊問題的具體處方。

　　　d.當事人也許認為顯現自己的弱點是一種軟弱的表示。

　　　e.以上皆是。

9 現實治療法

章前自評量表

提示：請參照前面各章的提示說明作答。

5＝強烈同意

4＝同意

3＝不確定

2＝不同意

1＝強烈不同意

_____ 1.諮商與心理治療的核心是促使當事人接納個人的責任。

_____ 2.每個人都有成功者認同的需求。

_____ 3.責任的涵義是：在滿足自己的需求時，不能剝奪別人滿足
　　　　　需求的權利。

_____ 4.強調潛意識動機等因素，事實上會使當事人有逃避責任的
　　　　　藉口。

_____ 5.洞察對於導致改變並不是必要的因素。

_____ 6.除非當事人對其行為進行評估，然後認定須有所改變，否則
　　　　　不會有什麼改變。

_____ 7.評估當事人目前的行為是當事人而非治療者的責任。

_____ 8.真實世界存在的面貌並不重要，重要的是我們知覺世界存
　　　　　在的方式。

_____ 9.我們是有意識地選擇了最不令人滿意的行為，例如憂鬱與
　　　　　焦慮。

_____10.移情的觀念不但錯誤，而且會誤導。因為它能使治療者隱藏
　　　起來，並可用來避免討論一個人目前的行為。

_____11.治療者的角色不在於評判當事人的行為，因為治療者並不
　　　是道德家，也不是任何社會團體或政治團體的道德標準之
　　　守門員。

_____12.我們會試著控制外在世界，使它們儘可能接近我們內心對
　　　世界所描繪的景象。

_____13.治療者應該表現得比老師更像老師。

_____14.除非治療者跟當事人能創造出十分融洽的關係，否則治療
　　　的動機不會存在。

_____15.治療應把焦點放在「目前的行為」上，而不是放在過去、態
　　　度、及感受上。

_____16.治療者應促使當事人去評估其行為的品質。

_____17.要使治療產生效果，重要的是讓當事人訂出一份行動計畫，
　　　並承諾每天加以執行。

_____18.不應允許當事人為特殊計畫的失敗找藉口、埋怨別人、或一
　　　昧解釋。

__ ____19.治療應把焦點放在當事人的潛能與長處上。

_____20.為改變行為而施予懲罰是無效的，而且有害於治療關係，所
　　　以應該要避免。

現實治療法複習

主要人物與重點

　　威廉葛拉瑟與羅勃特伍柏丁。本取向發展於一九五〇與一九六〇年代，一開始並無系統化的理論，但強調人們應為自己的行為負責。到了一九八〇年代，葛拉瑟開始宣揚控制理論，指出所有的人對於他們所做的都能夠選擇。到了一九九〇年代，他開始把控制理論應用到企管上。控制理論提供著一個理論架構，說明著人們表現其行為的為什麼與如何。本取向強調當事人對其世界的主觀感受與回應。行為被視為是人們想得到他們所要的之最佳企圖。在這個前提下，行為是有意圖的，因為是為了縮短我們想要的、我們所擁有的之間的差距。

哲學觀與基本假設

　　葛拉瑟的取向假設，我們都是自我決定的，而且操控著自己的生活。因為我們選擇總合行為，所以我們須為我們的行動、思考、感受、及身體狀態負起責任。他的前提是，所有行為都針對滿足隸屬、權力、自由、玩樂、及生存等需求。他的理論指出人們如何試著控制其周圍的世界，並教導我們如何更有效地滿足我們的需求之方式，使別人在上述歷程中不至於受到傷害。

重要觀念

　　主要觀念是我們的行為是為了試圖控制我們知覺到的外在世界，使能契合我們的內心世界。雖然每個人都有五種同樣的需求，但是每個人滿足這些需求的方式每每不同。我們在內心會發展出各種欲望的「相簿」，說明著我們最希望如何滿足這些欲望。

　　現實治療法排斥精神分析治療法的許多觀點，例如醫療模式、把焦點放在過去、強調洞察、移情、及潛意識等等。

治療目標

　　本取向的主要目標在於協助人們找出滿足其五種需求的更好方法。治療者會協助當事人強化其心理強度，以負起自己生活的個人責任，並支援他們學習各種重新掌控生活及活得更好的方法。在歷程中，當事人會受到挑戰去檢查其行動、思考、及感受，並想出能否有更好的方式加以置換。

治療關係

　　為了達成上述目標，治療者必須與當事人建立起融洽的關係，也即創造出一種溫暖、支持、及挑戰的氣氛。在整個治療歷程中，治療者應不時地表現對當事人的「投入」的「關心」。一旦良好的治療關係建立起來之後，諮商員就可以面質當事人關於其行為的實際情形與結果。在整個治療中，治療者會避免批評，拒絕接受當事人

因未能執行某項彼此均同意的行動計畫而提出的藉口，以及不輕易地放棄當事人。

技術與程序

一旦治療關係建立起來之後，接著就是進行導致改變的程序。這些程序所根據的假設是，人們在以下的兩項條件之激勵下會去進行改變：(1)確定自己目前的行為無法獲得他們想要的東西；及(2)相信他們能選擇其他的行為，而此等行為更能使他們獲得他們想要的東西。現實治療法的實務可以用「WDEP」模式來說明，其中，W＝欲望；D＝方向與行動；E＝評估；P＝規劃與認同。詳言之，進行的程序包括：(W) 探索欲望、需求、與知覺情形；(D) 焦注在當事人的行動與帶領他們的方向上；(E) 挑戰當事人去評估自己的總合行為；及 (P) 支援協助當事人擬訂具體實際的行動計畫，並承諾執行之。

應用

本取向最先是用來輔導囚禁中的少年犯，接著開始應用在各種行為問題上。本取向適用於個體諮商、婚姻與家庭諮商、及團體諮商等場合，應用在軍中的酗酒者與吸毒者身上也已發現普遍的療效。此外，在國小與國高中的教育環境中，現實治療法能用在教學與行政管理上。最新近的趨勢是把控制理論用於品質管理上。

貢獻

由於是一種短期取向的治療法，因此現實治療法的應用面很廣。本取向提供一個結構給治療者與當事人，使他們能評估改變的程度與性質。由於觀念簡單清楚，許多人群服務領域裡的從業人員均能容易地瞭解，並且其原理原則也可以為父母、教師、牧師、教育工作者、經理人、顧問、社會工作者、及諮商員所使用。由於屬於積極正面與行動導向的治療法，對於各種被人視為「難以治療」的當事人具有吸引力。

限制

現實治療法對於感受、潛意識、夢、移情、幼年創傷、及過去並未給予足夠的強調。本取向傾向於忽視塑造人們行為相當重要的社會環境與文化環境。它也可能助長治療歷程以症狀為導向，及不去探索更深層的情緒課題。

重要名詞解釋

自主性 (autonomy)：指個體負起自己行為的責任及掌控自己生活之一種狀態。

承諾 (commitment)：指認同於執行引導行為改變的具體計畫。

控制理論（control theory）：該理論指出人們具有內在的動機，能根據內心的某個意圖去表現其行為，以控制其週遭的世界。

諮商循環（cycle of counseling）：指創造出一種積極正面的氣氛，使諮商得以產生療效的特定方式。

共融（involvement）：指治療者對當事人產生興趣，並關切對方。

痛苦行為（paining behaviors）：藉著表現出的症狀（例如頭痛、憂鬱、及焦慮等）而選擇哀愁，因為這些似乎是當時最佳的行為選擇。

知覺到的世界（perceived world）：人們主觀上對真實情況的體驗與解釋。

相簿（picture album）：人們對於如何滿足其心理需求之知覺與心像。

正向的熱衷（positive addiction）：增強心理強度的一種途徑，例如跑步與冥想都是這一類的活動。

心理需求（psychological needs）：指隸屬、權力、自由、與玩樂等需求，這些是驅動人們與解釋行為的力量。

責任（responsibility）：指以不干擾別人滿足他們需求的方式，去滿足自己需求的行為表現。

自我評估（self-evaluation）：指當事人去評鑑自己目前的行為，以確定自己的所做所為是否能滿足自己的需求。

成功認同（success identity）：指精熟於滿足需求的有效行為之狀態。

總和行為（total behavior）：指行動、思考、感受、及生理反應等相互關連的行為要素之總稱。

WDEP系統 (WDEP system)：指現實治療法在實務上進行的程序，過程包括協助當事人確認其需求、認清其行為帶領他們走向何種方向、進行自我評估、及擬訂導致改變的計畫。

討論問題

1. 控制理論的前提是，雖然我們受外在事件的影響，但是我們的行動、想法、與情緒是我們自己選擇後的結果。對此假設，你同意到什麼程度？你回答此一問題的方式，對諮商實務有何涵義？

2. 控制理論的假設是：我們的行動、思考及感覺，均源自我們心中。此一觀點對諮商實務有什麼涵義？這又如何影響到治療技術的使用呢？

3. 確定與澄清當事人的欲望或內心的「影像」有何重要呢？諮商員應協助當事人表達出實際的欲望，又有什麼涵義？

4. 假設你有一位消沈的當事人，他堅持對於自己的消沉感到無能為力，那麼你將如何教會他控制理論？假如他告訴你，他無法消解絲毫的憂愁，而尋求你的協助，你應如何協助他？

5. 在那些情況下，促使當事人自己去做價值判斷可能會有困難？此時你會傾向於讓當事人接受你的價值觀嗎？

6. 當事人一直拒絕擬訂行為改變計劃時，你該怎麼做？如果訂了計劃卻不去執行，此時又將如何做？

7. 現實治療法專注於當事人現在的行為，而不太理會其過去，對此你有何看法？試與精神分析理論的觀點做一比較。

8. 雖然現實治療法並非忽略當事人的感覺，但的確不鼓勵當事人把

注意力放在感覺上，好像感覺與行為、想法是分開似的，對此你有何看法？

9. 如果你是在多元文化的社區內從事諮商工作，你認為控制理論的概念及現實治療法的作法會有多好的成績？假如當事人把重心放在機構歧視、環境障礙、經濟不公平等每天面臨的問題上，此時如果你又只採用現實治療法，那麼對你（或對當事人）會產生什麼困擾？

10. 假設你所輔導的對象是一群非自願的少年犯，大多數跟槍械案有關。同時假設他們並不想改變行為，只是想早日離開牢房。此時有哪些方式可以應用現實治療法的原理原則？

問題狀況：現實治療法的實務

以下的情況跟運用現實治療法時的諮商循環有關，試看在現實治療法的架構下，思考一下在各種情況下你可能會如何回應當事人。

1. 創造關係 假如你碰到某位當事人，由於某個原因，你不喜歡對方。雖然你知道現實治療法的第一個步驟是與當事人建立起共融關係，然而你發現自己很難去關心對方，更別說建立友誼關係（想像哪些人會讓你有此反應，並假定當事人就是他們）。如果當事人是在法院的強制要求下前來接受你的輔導，你可能會向對方說些什麼或做些什麼？在將對方轉介之前，你能夠想像自己可以做些什麼來挑戰自己，以克服對於當事人的厭惡感？

2. 專注在目前的行為上 你的另一位當事人（已輔導數星期了）不

時想談論她過去的悲哀往事。她抱怨說，她的父親或母親不曾愛過她，她一直憶起幼年時期的記憶與感受，以及她非常想把這些感受傾倒出來。雖然你努力於要求她把注意力放在「妳現在正做些什麼」的問題上，但是她堅持想要談論她的過去。此時你可能會帶領她往哪個方向走？你是否看出允許她或甚至鼓勵她去體驗過去的創傷事件，及重新活在幼年時期的感受中具有哪些價值？對於鼓勵她正視與探討她目前正做些什麼，你有什麼想法？

3. 協助當事人評估自己的行為 黛比是你的第三位當事人，她對於評判自己的行為似乎有困難。雖然她告訴你她不喜歡現在的生活，但是她傾向於責怪別人，並且在要求她對自己的行為做坦誠的檢討時，她會有一點防衛的心態。你不時地詢問她：「妳目前所做的一切對妳有幫助嗎？妳現在所做的正是妳想要做的嗎？」，但是她還是只待在家裡憂鬱消沈，希望有人出現來為她改變一切。此時你會怎麼做？你的下一個步驟會是什麼？對於協助她檢討自己在問題中該付哪些責任，你有什麼想法？

4. 協助當事人擬訂一份計畫 包文是你的另一位當事人，進展情形相當不錯。他承認自己耽溺於藥物的行為並不能帶給他什麼好處。他希望自己能唸研究所（諮商方面），然而擔心課業的負擔太重以及自己的能力不夠。不過他已經準備讓自己煥然一新，此時該擬訂何種計畫才是實際可行的呢？你又如何協助他擬訂一份行動計畫？你能夠想出他可以追求哪些短期目標呢？你會跟他簽署何種承諾合同？你又會指定他做哪些家庭計畫呢？

5. 取得當事人的承諾 假設你仍輔導著上例中的包文，他已經同意你們兩人合力擬訂的行動計畫，同時承諾要去實踐計畫。但是過了一星期之後，他承認自己什麼都沒做好，原因是他的朋友都在笑他

太認眞。由於未遵守諾言,他覺得有點罪惡感。此時,你會怎麼做?你能夠想像在此緊要關頭,你會對他說些什麼?

6.不接受任何藉口 假設包文再次向你承諾要去執行那份行動計畫。他保證在下次見面前至少前往二所大學,並塡寫入學申請書。一個星期後,他帶回來的是「良好的藉口」,原因是他沒有汽車可以帶他去大學,而且上星期裡他一直在加班工作。此時,你會如何處理他的藉口?如果你挑戰他的藉口,而且他變得有點反感,此時你會如何處理? (不要輕言放棄!)

7.不要懲罰 假設你正在輔導一對夫婦關於管敎子女的問題。父親認爲「修正」子女唯一的方法就是使用各種處罰,並將問題歸咎於母親的縱容。此時,你傾向於怎麼做?如果該父親對於你主張不使用處罰,而是讓子女認淸與接受其行爲的合理結果大表反對時,你會怎麼做?

8.不要放棄 包文在進行其計畫有了一些成果之後,又再次地回來找你。事實上,他已經進入研究所就讀,並且選修了九個學分。但是,隨著學期接近尾聲,他逐漸淸楚自己不是唸研究所的料。他試著讓你瞭解他太笨,缺乏足夠的才能,以及如果他被當掉任何一科,情形都是他無法忍受的。他覺得自己「非常」憂鬱,很想要放棄自己。他告訴你,他很訝異到了這個節骨眼,你還不會放棄他。此時,對於挑戰包文不要放棄自己,你有哪些想法?你會產生放棄他的念頭嗎?爲了強化你有信心他終究能夠有所改變與成功,你可能會怎麼做?至此,你會如何進行對他的輔導?

個案範例

肯蒂：一位叛逆心強的少女

十四歲的肯蒂、她的父親、及她的母親齊聚在你的辦公室裡，這是你們第一次的晤談。她的父親首先說：

我已經管不了這個女兒了！她的所做所爲不但擾亂了我們的家庭生活，也已經使我忍無可忍。我隨時都在擔心下次她會出什麼狀況來讓我們煩心。不久前，她跟一群年紀比她大的男生到柯羅拉多河戲水，這是我一再申令禁止的，她絲毫不放在心上。她已經做了許多我不同意的事，結果不是被退學，就是被勒令接受諮商輔導。這是我最後一次管她的事了，所以我打電話給你，看能不能找出問題癥結來矯正她。上帝必然也知道她需要矯治，因爲她不僅吸毒，而且還跟年紀比她大的男生約會，私生活是一團糟。肯蒂知道我的價值觀，而且也知道她所做的是錯誤的。但是我就是無法讓她明白如果她不改變的話，必然會招致壞的結局。

肯蒂的母親相當沈靜，也不太數落肯蒂的不是。她大體上同意肯蒂的所做所爲似乎顯得叛逆，並且說她不知道如何處置這個女兒。她說，當丈夫發怒時，她會很不開心，現在則希望諮商能協助肯蒂看清楚自己的行爲。

至於肯蒂，一開始非常沈默，只是說，「我想我是有點問題」。

她顯得非常退縮，陰沈，她之所以在場是因為父親架著她來。

　　如果接著你將輔導肯蒂三個治療回合，試說明你會如何使用現實治療法的諮商循環去輔導她。

　　1.對此狀況你一開始的反應、想法、與感受是什麼？如果肯蒂出現在你的辦公室是因為她父母認為她需要諮商的協助，那麼你會多樂於接受這個當事人？

　　2.假設在第一次與肯蒂單獨晤談時，她向你坦承一切，你發現她父親所說的均屬正確。事實上，情況比他想像的還糟。肯蒂告訴你，她最近跟一位三十多歲的有婦之夫有染，而且剛因此墮過一次胎。而且還告訴你，她嚐試過多種毒品。如果你非常關切其行為的後果，此時你會如何進行對她的輔導？你可能會對她說些什麼？

　　3.身為現實治療法的諮商員，你的核心任務在於引導肯蒂對於自己目前的行為做一誠實的評估。試說明你會如何做到這一項任務。如果她抗拒檢討自己的行為，並堅持說她之所以會有叛逆行為，是老古板的父親造成的，此時你將如何回應她？

　　4.關於本案例中的吸毒、試婚行為、墮胎、接納父母的價值觀、上學、及其它相關的議題，你個人的價值觀是什麼？你的這些價值觀會如何影響你跟肯蒂之間的關係？你會不會以微妙的方式影響肯蒂依照你的價值觀去改變她的行為？或者你可能會接納她的選擇，「只要」她對於自己的行為做一評估，即使仍然決定不想改變？

　　5.假設單獨輔導肯蒂三次之後，現在你跟肯蒂及她的父母齊聚一堂，目的在於談論今後該何去何從，並提供你的建議。你傾向於會對她的父母說些什麼？哪些不會說？又，你會提供哪些特定的建議？

　　6.輔導的焦點一直放在肯蒂身上。你可能會把焦點移往她的父母

身上嗎？你可能會希望他們去檢討自己的行為與態度，在肯蒂的問題中所扮演的角色嗎？如果會的話，你會如何進行才不會引起他們的反彈？

珍妮：假釋犯的毒癮掙扎

珍妮是個三十三歲的婦女，是個假釋犯，獲得假釋的條件是必須接受諮商輔導，因此來找你。你任職於社區的心理衛生中心。她在報告中指出，她總是無法掌控她的家庭及她個人的生活。她說，她的婚姻本來相當平穩，一直到她發現丈夫竟然跟別的女人有染。雖然她向丈夫提出離婚，但是她不曾出現在法院過，所以她現在並不清楚自己的婚姻狀況到底是什麼。她說，在分居之後，他就「消失不見」，一直到最近「不知道從什麼地方冒出來」，帶走了十五歲的兒子。她還有二個女兒，一個八歲，一個十歲，跟她住在一起。珍妮說，自從丈夫離開之後，她被迫靠偷竊來維持家庭生活及吸食毒品的花費。

珍妮吸食古柯鹼已有四年之久。在這段期間，她跟女兒與兒子之間相處得不好。最後她搬去跟現在的男友一起住，之後跟子女之間的問題更形嚴重。她又說，竊盜案雖然獲得假釋的緩刑處分，但是她害怕她吸食毒品的行為會使她重回牢房。

珍妮讓假釋官員知道她來你這裡接受諮商治療，希望能獲得某種協助，使「她的生活能正常一些」。幾天後，假釋官員打電話給你，說她的尿液檢查有多種毒品反應。假釋官員接著詢及你對於她的治療計畫，並問你的意見，是否該把她關回牢裡。

思考的問題

　　試利用現實治療法的WDEP模式，說明如果你至多只能輔導珍妮六次時，你可能會如何進行輔導珍妮。試考慮以下問題：

1.你會提供何種資訊給假釋官員？

2.哪些是你認為重要的治療目標？

3.你會採取哪些主要的干預措施？為什麼？

4.如果珍妮逃避對自己的行為做誠實的檢討，你會怎麼做？

5.已知她來找你是獲得假釋的條件，知道這一點可能會如何影響你對她的輔導？依現實治療法的精神，你會如何接近她？

6.你會如何處理她的抗拒？她的不願意擬訂改變計畫及承諾去執行？以及她可能會意圖操縱你？

7.你可能會做哪些方面的轉介？

綜合測驗

是非題

T F　1.重要的不是真實世界存在的模樣，而是我們知覺這個世界的方式。

T F　2.現實治療法的新發展是著名的控制理論。

T F　3.改變行為的一條好的途徑，就是自我批判。

T F　4.探索過去，是改變目前行為的一條重要途徑。

T F　5.治療者的功能之一在於評判當事人目前的行為。

T F　6.現實治療法的焦點是態度與感受。

T F 　7.使用契約，是現實治療法的一部份。

T F 　8.現實治療法築基於一些存在的觀念。

T F 　9.決定治療目標是當事人的責任。

T F 　10.適當的懲罰有助於改變行為。

選擇題

＿＿＿11.現實治療法的創始人是

　　　　a.Albert Ellis。

　　　　b.Albert Bandura。

　　　　c.Joseph Wolpe。

　　　　d.William Wheeler。

　　　　e.以上皆非。

＿＿＿12.根據現實治療法的觀點，

　　　　a.洞察在行為改變能發生前是必要的。

　　　　b.對於產生行為改變，洞察並非必要。

　　　　c.洞察唯有態度改變後才會出現。

　　　　d.洞察只有當事人才會有。

＿＿＿13.現實治療法的人性觀是

　　　　a.我們有認同的需求。

　　　　b.我們有被人愛與愛別人的需求。

　　　　c.我們需要感受到結局對自己與對別人都是有益的。

　　　　d.以上皆是。

　　　　e.以上皆非。

＿＿＿14.下列何者「不是」現實治療法的主要觀念？

　　　　a.焦注在現在。

　　　　b.潛意識動機。

c.自我評估。

d.共融是治療歷程的一部份。

e.責任。

_____15.下列何者「不是」對現實治療法的描述？

a.減少懲罰。

b.當事人必須承諾。

c.治療者不接受藉口或任何怪罪。

d.治療是一種教導的歷程。

e.突破移情關係是產生療效的要件。

_____16.關於現實治療法的目標，

a.為當事人決定特定的目標，是治療者的責任。

b.決定目標是當事人的責任。

c.所有當事人的目標應該都一樣。

d.社會必須為所有當事人決定適當的目標。

e.c.與d.。

_____17.關於價值判斷在現實治療法中的地位與角色，

a.對當事人大部份的行為做價值判斷是治療者的功能之
一。

b.當事人應該對自己的行為做價值判斷。

c.價值判斷應該不是現實治療法的一部份。

d.僅在當事人要求此種回饋時，治療者才應做價值判斷。

_____18.下列何者陳述對現實治療法並不正確？

a.它築基於個人的關係。

b.它焦注在態度的改變上，視之為行為改變的要件。

c.擬訂計畫是必要的。

d. 焦注在當事人的長處上。

_____ 19. 現實治療法一開始是為了輔導

a. 初等教育的小孩。

b. 受到拘留的少年犯。

c. 酒鬼。

d. 吸毒者。

e. 有婚姻衝突的人們。

_____ 20. 以下何者不是現實治療法的重點？

a. 分析移情關係。

b. 催眠。

c. 分析夢境。

d. 尋求目前問題的原因。

e. 以上皆是。

_____ 21. 下列何者對控制理論的陳述是正確的？

a. 行為是外界力量造成的結果。

b. 我們受到生活中發生的事件之控制。

c. 藉著傾聽別人，我們能控制別人的行為。

d. 我們完全受到外界力量的激勵，並且我們的行為是為了
得到我們所想要的東西之最佳企圖。

e. 我們控制我們的感受比控制我們的行動更為容易。

_____ 22. 根據葛拉瑟的說法，以下何者不是我們的基本心理需求？

a. 競爭。

b. 隸屬。

c. 權力。

d. 自由。

e.玩樂。

_____23.控制理論焦注在

a.感受與生理反應上。

b.行動與思考上。

c.更充分地瞭解過去。

d.感到憂鬱與焦慮的深層原因上。

e.家族系統如何控制人們的抉擇。

_____24.有時候人們似乎是自己選擇悲慘（或消沈）的。葛拉瑟解釋
人們「正在消沈」的動力是為了

a.使憤怒得到控制。

b.促使別人來幫助我們。

c.不願意做出更有用的表現之藉口。

d.以上皆是。

e.以上皆非。

_____25.下列何者在現實治療法中不是導致改變的處理程序？

a.探索欲望、需求、與知覺情形。

b.焦注在目前的行為。

c.治療者去評估當事人的行為。

d.當事人去評估自己的行為。

e.當事人承諾去執行行動計畫。

10 行為治療法

章前自評量表

提示：請參照前面各章的提示說明作答。

5＝強烈同意

4＝同意

3＝不確定

2＝不同意

1＝強烈不同意

_____ 1.一個諮商與心理治療的體系，應以它宣稱的治療主張之實驗結果為依據，使其觀念與實務能夠更加精進。

_____ 2.重要的是，當事人應被充份地告知整個治療歷程，並且在設定治療目標時，應有大部份的決定權。

_____ 3.在治療中，當事人決定「什麼」行為需要改變，而治療者則決定行為「如何」改變。

_____ 4.當事人的問題主要是受到目前的條件之影響。

_____ 5.瞭解個人問題的緣由，對於產生行為改變並非必要。

_____ 6.治療者應確認出自己的價值觀，並指出這些價值觀可能會如何影響他們對當事人的目標之評估。

_____ 7.過去的歷史，僅在此等因素跟當事人目前的困擾有直接的關連時，才應成為治療的焦點。

_____ 8.治療應焦注在外顯而特定的行為上，而不是當事人對某情況的感受上。

_____9.治療的結果應加以評估，是相當必要的，以評鑑處置程序之
　　　成敗情形。

_____10.治療的適當焦點應放在當事人正在「做」些什麼，而不在於
　　　談論洞察。

_____11.當事人既是環境的生產者，也是環境的產品。

_____12.治療者應提供正面強化給當事人，以提高其學習效果。

_____13.治療者適當的角色是擔任教師、顧問、促進者、教練、示範
　　　楷模、指導者、及問題解決者。

_____14.治療者的興趣、注意力、及認可，是當事人行為的有力強化
　　　物（reinforcers）。

_____15.當事人應主動地參與治療方案中的分析、規劃、程序、及評
　　　估是很重要的。

_____16.特定的治療技術或行為管理方案，必須吻合每個當事人的
　　　條件與需求。

_____17.治療程序應該針對行為的改變。

_____18.治療者與當事人之間的良好關係，是導致行為改變的必要
　　　非充分條件。

_____19.因為現實生活中的問題必須在治療外以新的行為加以解
　　　決，所以除非行動能緊隨在言辭的表達之後，否則治療歷程
　　　就不算完整。

_____20.任何行為改變方案，應始於對當事人做過完整的評鑑。

行爲治療法複習

主要人物與重點

主要人物：拉札陸斯、班都拉、與渥爾皮。從歷史來看，行爲治療法發展於一九五〇年代及一九六〇年代初期，激烈地偏離精神分析學派。主要發展階段有三：(1)古典制約取向；(2)操作制約取向；及(3)認知取向。

哲學觀與基本假設

行爲是學習後的結果。我們既是環境的產品，也是環境的生產者。在行爲治療法的領域裡，並沒有一套蘊涵的假設足以涵蓋所有現有的治療程序，也因此，目前的行爲治療法尚未統一，其中包含有多種解釋與改變行爲的概念形成方式、研究方法、及治療程序。

重要觀念

行爲治療法強調目前的行爲（相對於歷史性的因素）、精確的治療目標、針對不同的目標而裁訂不同的治療策略、以及客觀地評估治療結果。治療的焦點放在當前的行爲改變、以及放在行動方案上。

治療目標

　　一般性目標在於消除適應不良的行為，及學習更有效的行為型態。也就是說，經由學習的經驗去改變問題行為。在一般的情形之下，當事人與治療者會一起合作，以具體而客觀的用語去訂出治療目標。

治療關係

　　雖然本取向不是特別重視治療關係，但是也認為良好的治療關係是有效治療的必要條件。技能嫻熟的治療者能夠從行為面對問題形成概念，以及利用治療關係去促進行為的改變。治療者的角色主要在於探索各種行動方案，以及它們可能的結果。當事人從始至終必須積極融入治療歷程，並且樂於在治療中與治療外演練新行為。

技術與程序

　　行為治療法的治療程序都會配合每個當事人的獨特需求。任何已證實能改變的技術，都可能會納入治療計畫中。本取向的一項優點是，有許多種不同的技術可用來產生行為的改變，其中包括鬆弛法、系統減敏感法、強化技術、示範法、果斷訓練、自我管理方案、及多模式治療等等。

應用

　　針對改變行為,本取向有廣闊的應用面。行為治療法已顯示療效的一些問題領域包括恐慌異常、憂鬱、性異常、兒童的異常,以及防範與處理心臟血管疾病。除了尋常的臨床實務之外,行為治療法已深深地融入老人病學、小兒科、壓力管理、行為醫學、企業與管理、以及教育等領域。

貢獻

　　行為治療法是一種能產生效果,並且有廣泛應用面的短期治療法。該療法由於強調對使用的技術進行研究,因此是負責任的療法。除了指出與治療特定的問題之外,當事人會被告知整個治療歷程及預期的效果。在許多人類運作功能的領域裡,本療法都已證實具有療效。其觀念與程序容易吸收掌握。對於改變行為,治療者扮演強化物、顧問、示範者、教師、及專家等角色。在過去二十年間,本療法有大幅度的進展與擴張。行為治療法適合用以輔導文化背景不同的族群,特別因為它強調告知當事人整個治療歷程及本療法的治療結構性強。

限制

　　本療法的療效,跟它控制環境變數的能力成比例。在機構的場合裡(學校、精神醫院、心理衛生門診診所),存在的危險是強迫當

事人培養順從的行為。治療者有可能會操縱當事人，朝他們並未選定的行為方向發展。本取向受到的一項批評是，並未致力於更寬廣的人類問題——例如人生的意義、價值觀的尋找、以及認同課題——而是焦注在非常特定與狹窄的行為問題上。

重要名詞解釋

果斷訓練（assertion training）：在行為的預演與教導，及學習更有效的社會技能中之一套技術；教導人們開放與直接地表達出正面與負面的感受。

BASIC ID：多模式治療法的概念架構，其前提假設是人格可藉著評鑑以下七個主要的功能領域而加以瞭解：行為、情感反應、感官知覺、心像、認知、人際關係、及藥物／生物功能

行為預演（behavior rehearsal）：指在治療回合中演練可表現在日常生活中的新行為之技術。

示範法（modeling）：經由觀察與模倣而學習。

多模式治療法（multimodal therapy）：秉持技術折衷主義的治療模式；使用各種來源的技術，但不必拘泥於技術背後的理論基礎；由拉扎陸斯所發展。

負向強化（negative reinforcement）：當表現出某種好行為時，中止或移走一項令人不悅的刺激源。

正向強化（positive reinforcement）：一種制約方式，即個體在表現出某種行為之後，即能接收到某種好的回饋；提高行為再發生機率的獎賞。

強化（reinforcement）：促使反應重覆發生的特定事件。

自我管理（self-management）：認為教導人們在焦慮、憂鬱、及痛苦等問題情況時去使用各種因應技能，將能夠導致改變的一套治療策略。

自我監督（self-monitoring）：指觀察自己在各種情境中的行為型態與互動情形之歷程。

社會學習理論（social-learning theory）：認為藉著考量學習在何種社會條件下發生，行為將最能夠瞭解的一種看法；主要是班度拉發展出來的。

系統減敏感法（systematic desensitization）：這是根據古典制約原理而發展出來的治療程序。首先教導當事人在各種引起焦慮的情境中學習如何鬆弛，最後使產生焦慮的刺激不再能引發焦慮反應。

討論問題

---

1. 精神分析學派強調找出與解決行為問題背後的原因，其擁護者挑戰行為學派說，除非同時處理這些背後的原因，否則處理完一項問題症狀之後，很可能又會有另一項問題症狀取而代之。針對此一挑戰，你的立場是什麼？

2. 行為取向與存在取向在某些方面似乎是對立的。然而有些學者聲稱，「行為方法」與「人本價值觀」結合起來可以合成這兩種取向的最佳屬性。對此你有何想法？

3. 目前的行為治療法逐漸強調教導當事人自我控制的處理程序與自

我管理技能，其假設是，學習因應技能可以擴充自我引導的行為之範圍。就你對行為治療法的瞭解，你認為此療法提昇當事人的抉擇、規劃、與自我引導的能力之可能性有多高？

4. 行為治療法在輔導不同文化背景當事人方面有哪些優點？在這方面你會應用行為治療法的哪些觀念與技術？

5. 在一般實務中，你最喜歡使用何種行為技術？為什麼？試說明何種問題與當事人最適用你所選擇的上述技術？

6. 使用行為治療法的技術須注意哪些道德問題？試列舉涉及的技術與道德問題。

7. 有人批評行為治療法過於有效，以至於可用來操縱當事人，對此，你的看法如何？

8. 對於行為治療法強調以實證研究來提高療效，你的看法如何？身為實務工作人員，你將如何評鑑治療的歷程與結果？

9. 如何將你已研讀過的治療法整合至行為治療法？有哪些方法可以既能顯出折衷取向的風格，又能保有行為治療法的精神？

10. 教本中提到五種對行為治療法的批評與誤解。如果有的話，你對行為治療法有哪些批評？

個人的應用：擬訂自我管理方案

從教本中的討論得知，自我管理方案越來越受到重視，這些包括自我監督、自我獎賞、自我約定、以及刺激控制。試著選定一些你想要改變的一些行為（如飲食過度、抽煙、喝酒等等），然後說明你會如何設計、執行、及評估你的自我管理方案。

- 哪些是你想要改變的特定行為？
- 哪些特定的行動可以協助你達成上述目標？
- 哪些自我監督的工具可用來記錄你的進步？
- 哪些強化作用（自我獎賞）可用來進行你的計畫？
- 你的計畫進行得多好？有哪些地方需要修改，可以使你的計畫進行得更有效？

實務應用

將寬廣的目標轉換成具體特定的目標

提示：試依照1～3項的範例填答4～7項。

1. 寬廣目標：<u>我希望能快樂一些。我想我希望能夠實現自我。</u>
   具體目標：<u>我想要學習瞭解自己想要什麼，並有勇氣去追求。我希望能感受到我所做的是我真正想要做的。</u>
2. 寬廣目標：<u>我希望能改善與別人之間的關係。</u>
   具體目標：<u>我希望能向那些我所親近的人，要求我所想要的東西。我常常因為不把欲望表達出來，所以覺得別人都辜負了我。</u>
3. 寬廣目標：<u>我想我需要改善與妻子之間的關係。</u>
   具體目標：<u>我需要學習對妻子說出我的想法與感受，不應該什麼都不說而期望她能猜出我是高興或鬱卒。</u>
4. 寬廣目標：<u>我想要知道為什麼我在腦海裡儘跟自己玩那些愚蠢的遊戲。</u>

具體目標：＿＿＿＿＿＿＿＿＿＿＿＿＿＿＿＿＿＿＿＿

＿＿＿＿＿＿＿＿＿＿＿＿＿＿＿＿＿＿＿＿＿＿＿＿＿＿＿＿

5.寬廣目標：我需要瞭解自己的價值觀與生活的哲學觀。

　　具體目標：＿＿＿＿＿＿＿＿＿＿＿＿＿＿＿＿＿＿＿＿

＿＿＿＿＿＿＿＿＿＿＿＿＿＿＿＿＿＿＿＿＿＿＿＿＿＿＿＿

6.寬廣目標：我就是那麼難以成為一個能獨立自主與敢於表達自己
想法的人。

　　具體目標：＿＿＿＿＿＿＿＿＿＿＿＿＿＿＿＿＿＿＿＿

＿＿＿＿＿＿＿＿＿＿＿＿＿＿＿＿＿＿＿＿＿＿＿＿＿＿＿＿

7.寬廣目標：我有各種恐懼與煩惱，而且任何事情都會使我生氣。

＿＿＿＿＿＿＿＿＿＿＿＿＿＿＿＿＿＿＿＿＿＿＿＿＿＿＿＿

　　具體目標：＿＿＿＿＿＿＿＿＿＿＿＿＿＿＿＿＿＿＿＿

＿＿＿＿＿＿＿＿＿＿＿＿＿＿＿＿＿＿＿＿＿＿＿＿＿＿＿＿

學習陳述得更具體

提示：為了協助當事人將目標陳述得更具體，你自己先要試著做做
看。試列舉你希望在生活中改變哪些具體的行為。例如：

1.我希望自己真的不要的時候能夠說「不」，而不是答應了之後再來
後悔。

2.我希望讀書的時間能少一點，而能花更多的時間在網球與溜冰
上。

3.我希望不要以吼叫的方式去回應我的孩子。

4.我希望能減低對考試的恐懼感。

　　接著，請你以明確的「行為改變」來陳述你的具體目標：

1. _____

2. _____

3. _____

4. _____

5. _____

6. _____

建議活動與練習

1. 這是你可以自己進行的作業。期間至少須一個星期，項目是每天
大約進行二十至三十分鐘的鬆弛訓練。本作業之目的在於讓你察
覺緊張狀態與鬆弛狀態之間的區別。進一步之目的是讓你學會自
我控制程序，以減少不必要的焦慮與緊張，以及讓身體鬆弛下來。
自我鬆弛的學習，應選定一個安靜地方，採取仰臥的姿勢進行。
爲了使肌肉鬆弛，作法是分別針對各組肌肉群，重覆進行拉緊與
鬆弛的循環，每組肌肉群應連續做二個循環，拉緊與鬆弛的時間
都是幾秒鐘。爲了加深你的鬆弛，輔助技術是在鬆弛時把注意力
焦注在呼吸上，並想像自己處於一個祥和輕鬆的環境（例如幽靜
的湖濱）。進行時也可以聽一卷專業製作的錄音帶，依照其指示進
行。

   a. **手與手臂**：首先坐下或躺下，將雙手置於身體的兩側。做幾次
   深呼吸使自己變得鬆弛，每次呼吸至少維持五秒鐘。進行時眼
   睛閉上。現在，伸出你慣用的手（分右手拐或左手拐），緊握拳
   頭，去感受前臂與手部的緊張。現在放鬆，並去感受鬆弛及與

先前之間的不同。十五至二十秒之後再重覆一次，這次把注意
力放在緊張與鬆弛之間的差別。

b.**雙頭肌**：盤緊你慣用的手之雙頭肌，接著放鬆，然後盤緊再放
鬆。注意放鬆時那種溫熱的感覺。

c.**拳頭**：接著換另一隻手，進行與a項相同的步驟。

d.**雙頭肌**：對另一隻手的雙頭肌進行與b項相同的步驟。

e.**額頭**：藉著揚起眉毛來擠壓額頭上的肌肉，需時五秒鐘，然後
放鬆，重覆做二次。

f.**眼睛**：緊閉眼睛，然後放鬆，重覆做二次。

g.**舌頭與顎部**：咬緊牙關，盤緊舌頭，嘴巴往外拉，做出誇張的
笑容，然後放鬆，重覆做二次。

h.**嘴唇**：緊閉嘴唇，然後放鬆，重覆做二次。

i.**深呼吸**：做幾次深呼吸，感受手、頭、嘴的鬆弛狀態。

j.**脖子**：下巴往胸部緊靠，放鬆，重覆做二次；接著頭部儘量往
後仰，放鬆，重覆做二次。

k.**胸與肩膀**：肩膀儘量往後拉，放鬆，重覆二次；接著往前拉；
放鬆，重覆二次；最後是聳肩，往耳朵靠，放鬆，重覆二次。

l.**深呼吸**：做深呼吸，吸的時間約七秒鐘，然後迅速呼出，重覆
幾次，體驗放鬆的感覺。

m.**腹部肌肉**：縮緊腹部肌肉，放鬆，重覆二次。

n.**屁股**：夾緊屁股的肌肉，放鬆，重覆二次。

o.**大腿**：縮緊大腿的肌肉，放鬆，重覆二次。

p.**腳趾**：將腳趾儘量往頭部的方位靠，放鬆，重覆二次。

　　過程中要儘量去體會肌肉拉緊時的緊張感，及放鬆時的溫熱與
鬆弛感。

2.請先複習教本中對「系統減敏感法」的描述,接著選定一些焦慮的經驗,然後擬訂一份系統減敏感法方案來減輕你的焦慮或害怕。這是一項由你獨自進行的課外作業,一個星期之後,再回到課堂以小組討論的方式彼此分享進行的經驗。以下是執行方案的一些指南:

a.首先熟練上述的鬆弛程序。

b.決定何種特定的行為或情境會使你引發焦慮,例如:在許多人面前講出你的意見。

c.擬出你自己的焦慮階層表,從最令你焦慮的情境排到最不令你焦慮的情境,前者可能是在大禮堂裡發表演講,後者可能是跟好朋友談話。

d.進行的過程是:首先進行鬆弛練習;閉上眼睛,開始想像自己處於最不令你焦慮的情境;接著想像你處於稍微會令你焦慮的情境,當你感受到焦慮的那一霎那,把景像關掉,回到令你愉快的情境來,並且再次感到放鬆。

e.就這樣逐漸往焦慮階層表的高焦慮情境移動,一直到情境會產生最高程度的焦慮,但你仍能回復到鬆弛的狀態。

3.假設你的當事人想要減肥,試利用學習原理與行為技術,說明你可能建議當事人進行的明確步驟。以下是你可能要考慮的問題點:

a.當事人是否曾就減肥問題諮詢過醫生的意見?如果沒有,你會做此建議嗎?

b.當事人減肥的動機有多強烈?何種特定的強化作用可以協助對方堅持執行減肥計畫?

c.你會建議何種自我觀察與記錄的方式?你會要求對方每天記下

何時吃些什麼東西等資料嗎？

  d.如果對方未能嚴格執行計畫，你會如何處理？你會說些什麼或做些什麼？

  e.在減肥計畫中，涉及了哪些特定的學習觀念？

    如果當事人想要戒煙，試利用學習理論中的原理，說明你在設計戒煙方案中會採取哪些步驟。

4.「多模式治療法」一開始會對於各種運作功能領域做全面性的評鑑。試以史天恩的個案為例，以下面所述的架構對史天恩做初始評鑑：

  a.**行為**：史天恩有多主動積極？他的一些長處為何？他的哪些行為使他無法獲得他自稱想要的東西？

  b.**情感反應**：史天恩有多情緒化？他有哪些情緒問題？

  c.**感官知覺**：史天恩的感官察覺能力如何？他是否能充分利用其感官能力？

  d.**心像**：你會如何描述史天恩的自我形象？現在他是如何描述他自己的？他如何理解自己？

  e.**認知**：在史天恩現在的生活中有哪些「應該」、「最好要」、及「必須」？這些束縛如何妨礙他現在的生活？他的想法如何影響他的行為與感受？

  f.**人際關係**：史天恩的社交情形如何？他處理人際關係的能力如何？在他的生活中，他對別人的期望是什麼？

  g.**藥物／生物功能**：史天恩的健康情形如何？他對自己的健康有何看法？他服食著哪些藥物？

    根據上述的初始評鑑，你從行為治療法的架構會擬訂出何種治療方案？

個案範例

艾迪：一位想引人注意的學童

一位國小三年級的老師前來尋求你的協助，因為她無法處理她班上一位八歲學童的問題。她告訴你艾迪的行為有高度的破壞性，他一直無理地欺負同學，撕別人的作業，很少服從訓令，不時在課堂中講話，以及用各種不良行為來吸引別人對他的注意。他似乎很喜歡看到別人發怒的樣子。

這位老師說她無法管教艾迪的行為，雖然曾考慮要他轉到別的班上，但是頗為躊躇，因為她認定艾迪是個有許多心理障礙的問題小孩，調班並不能解決問題。於是她要求你輔導艾迪，並給她一些管教上的建議。

跟艾迪單獨會面之後，你發現艾迪的父親在言語與行為上都很粗暴。他父親會無緣由地怒罵他，並打他一頓。有一次，艾迪被打得遍體鱗傷，父親警告他要自稱是交通意外造成的，否則會再飽以老拳。你同時發現艾迪來自一個單親家庭。當他尚未就學時，父母就離異，之後父親曾犯案入獄。艾迪告訴你，如果他再失去父親，他真的會感覺迷失在這個世界上。他想自己可能做了太多錯事，所以才會受到這般的懲罰。

依行為治療法的架構，說明在這次的治療回合裡你會進行些什麼？一方面能提供老師一些意見，一方面能提供艾迪一些直接的協

助。

1. 在這個治療回合裡，你心中設定什麼目標？你如何達成這些目標？你會詢問艾迪哪些問題？你可能會如何動手處理艾迪的課堂行為？你想告訴他什麼？你會對他父親說些什麼？

2. 對於艾迪破壞性的課堂行為，你的看法是什麼？他可能從那裡學到那些侵略性行為？

3. 你期望自己如何處理艾迪被父親毒打的問題？就這件事而言，你會如何輔導艾迪？你會接觸其父親嗎？如果是的話，你會說些什麼，以及希望有何種成績？在本案裡，你的法律義務是什麼？

4. 在輔導中，你最想觀察哪些行為？對於他老師所講的及你實際的觀察，你會跟艾迪分享至何種程度？

5. 艾迪來自單親家庭，這項事實會如何影響你的干預措施？當艾迪說他無法忍受失去父親時，你會如何因應？

6. 如果你繼續擔任他的諮商員，你會採取哪些特定的行為處理程序，以及針對哪些目標？

凱絲：焦慮女子

凱絲是個土生土長的美國人，二十幾歲，來到你的診所，你是行為治療法導向的諮商員。假設她第一次來找你，在此之前你對她一無所知。同時假設她非常想接受短期的行為諮商，主要原因是恐慌性焦慮已干擾到她的私生活與工作。

一些背景資料

在初始晤談中，凱絲告訴你：

我必須學習處理壓力。我感覺有烏雲籠罩著腦海——心中一直懸掛著憂慮。有一天晚上，我努力想入睡，卻是輾轉反側，掛念著隔天可能會發生的每件事情。我一直告訴自己要趕快入睡，否則明天一定沒精神。但是我就只能躺在床上，似乎無法不去想我做過的事情或明天將要做的事情。我從事房地產銷售工作，最近則更加擔心自己的未來。我一直擔心與客戶簽約，唯恐稍有閃失把生意搞砸，我就是無法在任何時候放鬆自己。更糟的是，我發現自己現在比以前更無法抵擋壓力。壓力可以輕易地擊潰我，我想除非我能學習認清與處理我所處的情況，否則我的焦慮永遠揮之不去。

凱絲也告訴你，離家獨立使她體驗到許多困難，不過她認為自己可以解決。她說她並未遵循家裡的「計畫」，也不避諱地說父母親對她的生活有多方面的不滿。她並不想切斷與家裡的關係，但對於每件事情都須符合家人的期望，認為自己做不到。

假設你與凱絲都同意共同探討如何處理她的焦慮。明確地說，她希望能學到一些因應技能，以便自己可以隨時應用。試著以行為治療法的架構，說明你會如何檢查她，以及你可能會如何進行你的輔導工作。

思考問題

1. 你對於凱絲的焦慮持何種看法？上述問題的答案會直接影響你輔導她的方式嗎？
2. 如果有的話，你會注意哪些文化課題？你會多重視她與家裡的疏離關係？你會傾向於更焦注她的焦慮？她的壓力？她掛念未能符

合家人的期望？

3. 關於文化對凱絲的影響，你可能想從她身上知道些什麼嗎？如果你跟她的文化背景不同，對於瞭解與輔導她，你預期會有哪些困難？

4. 在治療中，你可能採取哪些特定的行爲技術？對於凱絲在治療外可以自己進行的事情，你有什麼建議？

5. 你想到哪些方法可以敎導凱絲如何處理壓力？你可能會建議何種自我協助或自我管理的技術？

6. 你可能會如何處理凱絲的失眠問題？你會如何設計出一項方案來協助她放鬆自己及不再失眠？

綜合測驗

是非題

T F　1. 多模式治療法是班度拉發展出來的。

T F　2. 多模式治療法秉持技術折衷主義。

T F　3. 行爲治療法已超越尋常的臨床實務，應用領域已拓展至老人病學、企業、與敎育。

T F　4. 沒有一套統一的假設，足以涵蓋目前行爲治療法領域裡所有的治療程序。

T F　5. 行爲治療法最新的發展趨勢，是焦注在與行爲有關的認知因素上。

T F　6. 治療歷程的目標通常是由治療者決定。

T F　7. 行爲治療法的治療者主動、具指導性，他們會扮演顧問與

問題解決者的角色。

T F　8.多模式治療法包含一系列的技術，以大部份類似的方式施用在所有當事人身上。

T F　9.爲了協助當事人管理自己的問題，目前逐漸強調將認知技術與行爲技術做一整合。

T F　10.行爲改變方案，應始於對當事人做全面性的評鑑。

選擇題

_____11.行爲治療法係根據

　　a.人們的心理動力面。

　　b.學習原理。

　　c.對人類條件的哲學觀。

　　d.人們五歲前的事件。

_____12.行爲治療法築基於

　　a.將實驗方法應用在治療歷程上。

　　b.一套有系統的觀念。

　　c.一套發展良好的人格理論。

　　d.自我實現的原理。

　　e.b.與c.。

_____13.行爲治療法認爲

　　a.治療者應決定治療目標。

　　b.當事人應決定治療目標。

　　c.所有當事人的治療目標都一樣。

　　d.目標並不需要。

_____14.對行爲治療法而言，以下何者不正確？

　　a.洞察是促使行爲發生改變的必要條件。

b.治療應焦注在行為改變而非態度改變上。

c.除非行動能尾隨在口語的表達之後，否則治療是不完全的。

d.治療者與當事人之間的良好工作關係，是促使行為發生改變的必要條件。

_____15.根據行為治療法大多數從業人員的意見，治療者與當事人之間良好的工作關係是

a.行為產生改變的必要與充分條件。

b.行為產生改變的必要而非充分條件。

c.既非行為發生改變的必要條件，也非充分條件。

_____16.下列何者對行為治療法並不正確？

a.當事人必須是主動的參與者。

b.當治療者施用技術時，當事人僅是被動的參與者。

c.治療不能強加在非志願的當事人身上。

d.治療者與當事人必須為共同的目標而密切配合。

_____17.以下何者「不是」行為治療法的主要觀念？

a.行為是強化作用下的產物。

b.現在的行為比過去的行為更受到重視。

c.強調認知因素。

d.強調行動與試驗新行為。

e.強調洞察在治療中的角色。

_____18.對於表達生氣或憤怒有困難的當事人，下列何者是適當的技術？

a.系統減敏感法。

b.果斷訓練。

c.間歇強化法。

d.示範法。

e.以上皆非。

_____19.行為治療法的技術

a.必須適合用在當事人的問題上。

b.必須加以評鑑，以確定它們的價值性。

c.必須針對能導致行為改變。

d.以上皆是。

e.以上皆非。

_____20.下列何者是行為治療法的貢獻？

a.對行為異常給予心理動力上的解釋。

b.強化當事人的感受與主觀上的體驗。

c.明示治療者係擔任強化者的角色。

d.清楚告知當事人，在歷程中會使用何種特定的處理程序。

e.c.與d.。

_____21.以下何者是多模式治療法的開發者？

a.Albert Bandura。

b.B.F. Skinner。

c.Joseph Wolpe。

d.Arnold Lazarus。

e.以上皆非。

_____22.行為治療法的限制之一是

a.缺乏評鑑技術有效性的實證研究。

b.不強調感受在治療中的角色。

c.缺乏清楚的觀念來做為實務的基礎。

d.不注重治療者／當事人關係。

e.過於強調幼年時期的經驗。

_____23.當代的行為治療法強調

a.個體與環境之間的互動。

b.協助當事人洞察其問題的原因。

c.從現象學的導向去瞭解當事人。

d.鼓勵當事人藉著角色扮演去重新體驗過去與重要他人之間的未竟事務。

e.處理當事人與治療者之間的移情關係。

_____24.下列何者對多模式治療法而言並不正確？

a.高度強調治療的彈性與多用途性。

b.治療者須調整其處理程序，使能有效達成當事人在治療中的目標。

c.對當事人表現出很大的關心，使當事人進入處理程序前的預備狀態。

d.秉持技術折衷主義。

e.在治療的一開始，治療者會對當事人的運作功能做全面性的評鑑。

_____25.下列何者「不是」多模式治療法的架構要素之一？

a.感官知覺。

b.情感反應。

c.人際關係。

d.未竟事物。

e.藥物／生物反應。

11 認知行爲治療法

章前自評量表

提示：請參照前面各章的提示說明作答。其中1至8題是艾里斯的理情行為治療法，9至14題是貝克的認知治療法，15至20題是麥新懋的認知行為矯正法。

    5＝強烈同意

    4＝同意

    3＝不確定

    2＝不同意

    1＝強烈不同意

_____ 1.人們天生就有理性思考與非理性思考兩種潛能。

_____ 2.即使被愛與被接納是愜意的，但是這些都並非必要的。

_____ 3.我們有接受非理性想法的傾向，並且會不思考地用這些想法不斷地訓誨自己。

_____ 4.由於不斷地接受與灌輸非理性信念，人們須為自己的情緒困擾負大部份的責任。

_____ 5.治療的主要目標應該在於減少當事人的自我挫敗信念，及協助他們建立較理性的人生觀。

_____ 6.治療者的核心功能包括挑戰當事人不合乎邏輯的想法，及教導他們如何做理性的思考與評估。

_____ 7.治療者應該以高度指導性的方式去說服當事人，攻擊其非理性的想法，以及擔任反宣傳者的角色。

_____ 8.治療者與當事人之間的溫暖或深層之個人關係，既不是心
理治療的必要條件，也不是充分條件。

_____ 9.治療者的角色，在於協助當事人尋找支持或反駁他們的假
說與觀點之證據。

_____ 10.為了瞭解情緒困擾的性質，必須焦注在當事人對不高興事
件的反應中之認知內涵。

_____ 11.當事人內心裡的對話，對於瞭解行為是相當重要的。

_____ 12.思考在憂鬱中扮演著重要的角色。

_____ 13.改變功能不良的情緒與行為之最直接途徑，是修正不正確
與有瑕疵的思考。

_____ 14.治療應包含一共同探索的歷程，來發掘與找出當事人那些
有瑕疵的解釋。

_____ 15.行為要產生改變的一項必備條件，是當事人必須注意到他
們是如何思考、感受、與表現行為的，以及這些對別人的影
響。

_____ 16.治療包括協助當事人察覺到自己內心的自我對話。

_____ 17.治療歷程的大部份，在於教導當事人學會更有效的因應技
能。

_____ 18.在壓力管理的訓練中，必須讓當事人瞭解自己在壓力形成
的過程中貢獻了什麼。

_____ 19.如果當事人希望改變，必須讓他們演練新的自我陳述語句，
並在實際生活中運用學到的新技能。

_____ 20.諮商員必須提供給當事人一簡單的概念性架構，概述如何
以不同的方式去解釋與回應壓力。

理情行為治療法與認知治療法複習

主要人物與重點

創始人：艾里斯是理情行為治療法（REBT）的創始人，也是其它認知行為治療取向之祖。貝克則是認知治療法（CT）的主要代言人。REBT具有高度的教誨性，是一種認知與行為導向的治療法，強調以行動及練習跟非理性的自我灌輸想法戰鬥，認為想法與信念是個人問題的根源，因此很重視思考與信念。貝克的認知治療法跟REBT一樣，屬於主動、指導性、短期間、以現在為中心、結構性強的治療取向，可用來治療憂鬱、焦慮、及恐慌等異常。它也是一種以洞察為焦點的治療法，強調認清與改變負面的想法與適應不良的信念。

哲學觀與基本假設

REBT假設人們生來都有做理性思考的潛能，但也容易跌入未經批判即接受非理性信念的陷阱。其假設是，思考、評估、分析、懷疑、行動、演練、及再決定是行為改變的基礎。REBT是一種教誨性與指導性的治療模式，認為治療是一種再教育的歷程。認知行為治療取向所根據的假設是，重新組織當事人的自我陳述語句將導致行為做相對應的重整。

跟REBT一樣，認知治療法的前提是，認知是人們如何感受與表現行為的主要決定因子。認知治療法假設當事人內心裡的對話對其行為有很大的影響力，並認為人們監督與教導自己的方式以及解釋事件的方式，對於瞭解憂鬱與焦慮等異常的心理動力很有幫助。

重要觀念

REBT認為，雖然情緒困擾根源於幼年時期，但是這也由於人們一直告訴自己一些非理性與不合乎邏輯的陳述語句。REBT秉持A-B-C人格理論，其中A＝實際的事件，B＝信念系統，C＝結果。情緒問題是一個人的信念造成的結果，因此必須挑戰這些信念，所使用的方法是運用一些理性與合乎邏輯的科學方法。

根據認知治療法的說法，心理問題根源於常發生的心理歷程，諸如有瑕疵的思考、依不完全不正確的資訊做不正確的推論、以及未能區別幻想與真實情形等等。認知治療法的療程中包括藉著修正不正確與功能不良的思考，去改變功能不良的情緒與行為。技術在設計上係針對確認與測試當事人的錯誤觀念與有瑕疵的假定。

治療目標

REBT的目標在於消除當事人自我挫敗的想法，以及能對人生獲得一較理性與寬容的哲學觀。在歷程中，當事人會被教導生活事件本身不會困擾我們，對事件的解釋才是關鍵。治療者會教導當事人確認與拔除他們那些「必須」與「應該」如何如何的想法，並教導他們如何以偏好上的選擇來取代要求。

認知治療法的目標在於改變當事人自動化思考的方式，以及進行基模（schema）重整的工作。信念與思考歷程的改變，往往會改變人們如何感受與表現其行為的方式。治療者將會鼓勵當事人去收集與權衡支持其信念的證據。經由共同的努力，當事人將會學到如何區別自己的想法與實際發生的事件。

治療關係

　　在REBT裡，治療者與當事人之間建立起溫暖的關係，並非必要。然而，當事人必須從治療者身上感受到那種無條件的正面關懷。治療者不會責備當事人；而是會教導當事人如何避免叱責或非難自己。在歷程中，治療者擔任老師的角色，當事人則是學生。當當事人開始瞭解自己是形成問題的幫凶時，他們將必須積極地演練，以理性的行為去替代自我挫敗行為。

　　認知治療法強調協力合作。治療者與當事人一起將當事人得出的結論轉成可驗證的假說。本取向的治療者會一直跟當事人保持互動，讓當事人在整個治療歷程中都能夠積極主動地融入。

技術與程序

　　REBT針對各個當事人不同的需求，在使用各種認知、情緒、及行為等技術方面，係採取技術折衷主義。本治療取向從行為治療法借用了許多方法。認知技術包括反駁非理性信念、認知性家庭作業、改變使用的語言、以及幽默的使用。情緒技術包括理情心像、角色扮演、以及羞惡攻擊練習。行為技術包括操作制約、自我管理

策略、以及示範。這些技術在設計上是爲了誘導當事人嚴格地檢查自己目前的信念與行爲。

在技術與治療風格方面，認知治療法與REBT有一些差異。REBT具有高度的指導性、說服性、及面質性；認知治療法則強調蘇格拉底式對話，及更強調協助當事人自己去發現自己的錯誤觀念。在治療歷程中，治療者擔任催化劑與嚮導，協助當事人去瞭解思考與感受及行爲表現之間的關聯性。

應用

REBT的應用面包括個體治療、團體治療、馬拉松式會心團體、短期治療、婚姻與家族治療、性治療、及課堂講學。REBT適合輔導罹患中度焦慮、精神官能異常、性格異常、心理引起的身體疾病、飲食異常、人際技能不良、婚姻問題、子女教養問題、耽迷、及性功能不良等當事人。如果當事人的溝通能力良好，困擾的情形又不是太嚴重的話，則本療法會有最佳的療效。

認知治療法最常用於處理憂鬱與焦慮，也已成功地用於處理兒童、青年人、及成年人的各種問題。此外，認知治療法對於管理壓力、父母教養子女之道的訓練、以及處理各種臨床異常，都已顯現出療效。

貢獻

認知行爲治療法有廣泛的應用用途。進行的諮商工作屬於短期治療，並強調主動演練新行爲，使行動能夠配合上洞察。本取向不

主張依賴治療者，相反的，強調當事人應發揮掌控自己命運的能力。REBT是一種全面性與整合性的治療取向，使用各種認知、情緒、與行為技術，試圖消除當事人在思考、感受、與行為表現上的困擾。對於經由改變思考的內容去改變情緒，REBT做了許多先驅性的工作，也因此在許多方面是越來越多的其它認知行為取向的始祖。

關於認知治療法，貝克對於處理焦慮、恐慌、及憂鬱，做了開拓性的努力，並且本取向已經受到許多臨床研究人員的注意。貝克開發了特定的認知處理程序，可用來挑戰憂鬱當事人的假定，及用來教導當事人如何改變他們的思考歷程。構成主義觀是認知治療法中的一股新思潮，有助於讓當事人認清何者是事實，何者是自己的價值觀與選擇。構成主義有潛力成為另一派治療模式，雖然它在技術上是折衷的，但在理論上卻是一貫的。

限制

REBT對於人們為什麼會以非理性的信念訓誡自己，或為什麼會固守這些信念，並未提供一理論基礎來做清楚的解釋。同時它也不適用於智能不足的當事人。可能產生的危險包括：治療者會將自己的人生觀加諸在當事人身上，以及治療者若過度面質性，可能對當事人造成心理傷害。一般而言，認知行為取向的限制在於未強調探索情緒課題。它們把焦點放在思考上，這可能導致諮商成為一種智性上的治療。

重要名詞解釋

A-B-C模式（A-B-C model）：是一種理論，認為人們的問題不是根源於啟動事件，而是人們對此等事件所持的信念。因此，改變負面情緒的最佳途徑在於改變人們對於事件情況的信念。

自動化的想法（automatic thoughts）：指人們接收到某特殊刺激後就會自動地在腦海裡有某特定的想法，並因而有某種情緒反應。

認知錯誤（cognitive errors）：屬於認知治療法中的術語，指當事人錯誤的觀念與有瑕疵的假定。

認知重整（cognitive restructuring）：指主動地剷除適應不良的思考型態，並代以具建設性的想法與信念。

認知結構（cognitive structure）：指思考歷程的組織面，能監督與引導想法的選擇，這意味著有一部「處理器」，能裁示思考型態的繼續、中止、或改變。

認知治療法（cognitive therapy）：指一種治療取向與一套處理程序，係試圖藉著修正有瑕疵的思考與信念，去改變感受與行為。

合作式的經驗主義（collaborative empiricism）：這是一種治療策略，視當事人都是科學家，能夠做客觀的解析。

構成主義（constructivism）：這是認知治療法新近的發展，強調當事人的主觀架構與解析，而不是就有瑕疵的信念去找客觀的事實基礎。

因應技能方案（coping-skill program）：行為上的一種處理程

序，係協助當事人經由學習修正他們的思考型態，進而能有效地處理壓力情況。

扭曲眞相 (distortion of reality)：指一種干擾人們生活的思考方式，能經由當事人客觀地評估情況而加以消除。

內心對話 (internal dialogue)：人們自我告知的陳述語句，常常會盤旋在人們的腦海中。

非理性信念 (irrational belief)：不合理的認知，會導致情緒與行爲問題。

理性 (rationality)：指能幫助我們達成目標的思考、感受、與行爲表現之方式的品質。非理性則包括那些自我挫敗與阻撓目標達成的思考、感受、與行爲表現之方式。

理情心像 (rational-emotive imagery)：一種強烈的心理演練，目的在於學習新的情緒與身體方面的習慣。在過程中，當事人想像自己在日常生活中，以自己想要的方式去思考、感受、及表現行爲。

自我敎導治療法 (self-instructional therapy)：一種治療取向，所根據的假設是，人們對自己所說的話將直接影響到他們所做的。其中的訓練包括學習新的自我對談，係針對如何因應問題。

羞惡攻擊演練 (shame-attacking exercise)：REBT的一種治療策略，即鼓勵當事人去做那些自認愚蠢或羞恥的事情，進而瞭解自己的羞恥感是自己製造出來的。

壓力免疫訓練 (stress-inoculation)：由麥新懋開發出來的一種認知行爲矯正技術，其中分爲敎育、預演、及應用等三個階段。當事人進而瞭解思考在壓力製造過程中所扮演的角色，接著是學習處理壓力情況的因應技能，以及演練針對改變行爲的技術。

治療性的協同合作（therapeutic collaboration）：指治療者積極地引導當事人在整個治療歷程中主動參與投入之歷程。

討論問題

1. 對於REBT認為情緒困擾根源於非理性的信念與想法之假設，你同意嗎？對於事件本身不會造成情緒與行為問題，而是人們對此等事件的信念與認知評估造成的，你同意至何種程度？

2. 根據艾里斯的說法，治療者給予當事人太多的溫暖，反而會造成當事人對治療者的依賴；貝克則認為治療關係相當重要，因而強調治療工作中須具有協同合作的特性。以上兩人的看法，何者較接近你對於治療關係的看法？

3. REBT具有高度的指導性、說服性、及面質性，並強調治療者扮演教師的角色。相對之下，認知治療法較重視蘇格拉底式的對話，強調當事人從上述對話中做成自己的結論。如果你是當事人，你喜歡那一種？如果你是治療者，你又喜歡那一種？為什麼？

4. 在貝克的認知治療法中，假設人們內心裡的對話對行為的影響很大。也就是說，人們如何監視自己，如何獎賞或批判自己，如何解析事件，以及如何預測未來的行為，將直接影響到情緒異常。你如何將他的想法用於輔導憂鬱的當事人？你會如何教導此等當事人去挑戰自己的思考方式，並發展新的思考方式？

5. 貝克認為，理論中的系統性誤差會導致有瑕疵的假定與錯誤觀念，這些他稱為「認知上的扭曲」。從貝克所列舉的認知扭曲中，哪些可適用在你自己身上？在檢查有瑕疵的假定時，認知治療法

的何種處理程序對你可言最有價值？

6.在麥新懋的認知行爲矯正法中，教導當事人如何有效因應壓力極爲重要。他的方案中涉及教導當事人各種認知與行爲策略，以處理有壓力的情況。如果你的當事人想學習自我管理技術，以消除承受的壓力，那麼你在教導中會採取哪些特定的步驟？

7.你認爲認知行爲治療取向有哪些主要的貢獻？你認爲認知因素會如何影響情緒與行爲？

8.試想像你可能碰到的各種文化背景與你不同之當事人。你認爲認知行爲治療法的哪些部份，在多元文化諮商的環境中可能會有很好的效果？你的哪些技術可能必須做哪些調整，使能適用於不同文化背景的當事人身上？

9.家庭作業是所有認知行爲治療取向的一部份。你可能會以哪些方式將家庭作業融入你的治療實務中？你能想出有哪些方式可以提高當事人合作並執行家庭作業之機會？

10.你能想出有哪些方式可以將感受的探索融入認知行爲治療取向中？就你已研讀過的治療取向，何種取向你可能想要拿來與認知行爲取向相混合？哪些體驗技術你可能想要加到認知技術與行爲技術上？

個人應用的課題與問題

以下的問題與蘊涵的一些課題，可以應用在你個人身上，並幫助你更能掌握住認知行爲治療法的精神。你如果有任何問題，可以帶到課堂中加以討論。

1. 你是否察覺到你從父母或社會中學來的某些信念與價值觀，讓你會一再地訓誡自己？試列出這些信念與價值觀。你想保有它們嗎？或你想修正它們？

2. 你能夠接納自己，儘管自己身上有某些限制與不完美嗎？對於你的限制，你會因此責備自己或別人嗎？

3. 試複習艾里斯所列的非理性想法。你有這些想法嗎？你認為自己的生活如何受到這些非理性信念的影響？你自己如何決定這些信念是「理性」或「非理性」呢？

　　為了協助你將思考焦注在上述的課題上，試以下列問題來檢查自己的非理性信念（打勾表示）：

_____ a.「對於我所做的每一件事情，我都必須能夠勝任。」

_____ b.「別人必須公平待我，並以我希望的方式待我。」

_____ c.「我必須得到所有人的認可，如果不能，情形會很恐怖，而且我也會有消沈感。」

_____ d.「生活必須如我所願的方式進行，如果不是，我將無法忍受。」

_____ e.「如果我在某件事上失敗，結果將會是一場災難。」

_____ f.「對於所有過去的過錯，我應該一直內疚，並責備自己。」

_____ g.「因為我一切的不幸都是別人造成的，所以我無法掌控自己的生活，並且除非『他們』改變，否則我無法改變任何事物。」

　　試列出其他你想到的非理性信念：

_____

_____

_____

_____

4. 試選定一項令你困擾的信念，接著複習A-B-C人格理論，然後將此方法用來改變你的非理性信念。你的體驗有哪些呢？你認為這個方法會幫助你導向一個較無困擾的人生嗎？你如何將此方法應用到日常生活上？

5. 你如何能夠挑戰自己的非理性信念與態度？一旦你察覺到一些基本問題或困擾，你認為你能夠「自己」去調整到一個較理性的信念體系嗎？

6. REBT的從業人員具有高度的積極性與指導性，並且他們會毫不猶疑地提出自己的觀點。這種風格適合你嗎？你選用此風格會覺得輕鬆自在嗎？為什麼？

7. REBT的從業人員扮演示範楷模的角色。你認為當事人的自我發展具有哪些涵義？當事人能夠成長為自己想成為的人，或會變成治療者的複製品？

8. 為了擔任當事人的示範楷模，治療者必須沒有嚴重的情緒困擾，生活須合乎理性，不擔心失去當事人的愛與認可，以及具有直接面質當事人的勇氣。擔任這樣的示範楷模，你有任何方面的困難嗎？試說明之。

9. 試考慮將REBT應用在學校或社區的心理衛生診所。假設有位從業人員並無博士學位，也未授過REBT的訓練，然而卻採用REBT的原理與方法。此時你認為必須對他提出哪些警告？REBT的哪些部份可能被誤用？跟其它治療取向（例如個人中心治療法）比較起來，更可能產生哪些潛在的傷害性結果？

10. 如果你是當事人，你較偏愛何種治療取向——艾里斯的REBT或貝克的認知治療法？REBT的哪些特色可能有助於解決你的問題？認知治療法呢？

11.根據麥新戀的認知行為矯正法，其中涉及三個相關的階段。當事人在要求下，會去(1)觀察與監視自己的行為，指認負面的想法與感受；(2)開始創造新的內心對話，以建設性與正面性的對話取代自我挫敗的負面性對話；及(3)學習更有效的因應技能，在治療回合中與治療外均加以演練。試至少以一星期為期，找出一些你想改變的行為，然後進行上述三階段的歷程。你能想出有哪些方式可以使用此一治療策略來輔導你的當事人？在哪些諮商場合，你可能會使用麥新戀的認知重整技術？

12.假設由你輔導一群有考試焦慮的大學生。如果你要採用「認知方法」去改變他們的認知狀態與期望，你可能會對他們說些什麼？想法、自我對話、自我實現預言、及失敗的態度（都是認知歷程的例子）會以哪些方式影響這些學生接受考試時的「行為」？

a.你會如何展開你的治療方案？

b.你會使用哪些認知技術？為了改變這些學生的認知結構及行為，你會使用哪些其它的行為技術？

c.你可能以哪些方式來評估你的治療方案之有效性？

13.請完成章末的REBT自助表格。完成後，找出你的思考型態。你是否看出你的信念與感受之間存在著關聯性？

實務應用

REBT所根據的假設是，情緒困擾是人們自己創造出來的。它直截了當地將個體置於宇宙的中心，為自己要不要選擇情緒困擾負起完全的責任。其中的邏輯是，如果人們能夠經由非理性信念而使

自己產生情緒困擾，那麼也同樣可以使自己不受困擾。REBT假設，透過理情處理程序最能夠產生改變，以及為了產生改變必須積極地演練。

指派家庭作業是演練新行為的良好方法之一，係鼓勵當事人積極地攻擊問題根源中的非理性信念。對於以下所述的情況，試考慮可以指派何種家庭作業給當事人。

1. 當事人是個大二學生，想克服在女生面前的害羞感。因為害怕她們會拒絕他，他不敢跟女生約會，甚至儘可能地躲避女生。但是他確實想改變此種情況。你會建議他何種家庭作業？ ＿＿＿＿

＿＿＿＿＿＿＿＿＿＿＿＿＿＿＿＿＿＿＿＿＿＿＿＿＿＿

＿＿＿＿＿＿＿＿＿＿＿＿＿＿＿＿＿＿＿＿＿＿＿＿＿＿

＿＿＿＿＿＿＿＿＿＿＿＿＿＿＿＿＿＿＿＿＿＿＿＿＿＿

2. 當事人說，因為她大部份的時間裡都感到憂鬱，所以她儘量逃避生活中的障礙或任何可能使她更憂鬱的事物。她希望自己能快樂起來，但是不太敢有實際的行動。你會建議她何種家庭作業？ ＿

＿＿＿＿＿＿＿＿＿＿＿＿＿＿＿＿＿＿＿＿＿＿＿＿＿＿

＿＿＿＿＿＿＿＿＿＿＿＿＿＿＿＿＿＿＿＿＿＿＿＿＿＿

＿＿＿＿＿＿＿＿＿＿＿＿＿＿＿＿＿＿＿＿＿＿＿＿＿＿

3. 當事人認為他必須贏得每個人的認可，而為了取悅每個人，於是他變成一個「超級的好好先生」。他很少敢有自己的主張，深恐得罪別人而因此不再喜歡他。他說他希望自己不要那麼好，而且能夠有主張一點。你會建議他何種家庭作業？ ＿＿＿＿＿＿＿＿

＿＿＿＿＿＿＿＿＿＿＿＿＿＿＿＿＿＿＿＿＿＿＿＿＿＿

＿＿＿＿＿＿＿＿＿＿＿＿＿＿＿＿＿＿＿＿＿＿＿＿＿＿

＿＿＿＿＿＿＿＿＿＿＿＿＿＿＿＿＿＿＿＿＿＿＿＿＿＿

4.當事人希望選修創意寫作的課程,但是擔心自己沒有才華。她害怕失敗,害怕別人笑她笨,害怕自己無法把課修完。你會建議她何種家庭作業? _____

_____

_____

_____

5.當事人一直自責,因為自己未能給予妻子足夠的照顧。他認為他與妻子之間的婚姻問題,他要負起完全的責任,並且說他無法消除那種可怕的罪惡感。你會建議他何種家庭作業? _____

_____

_____

_____

6.當事人每星期來找你時,都帶來他為什麼沒能做指派作業的理由,包括忘記、太忙、受了驚嚇、或有事就擱了。他一直說自己是如何混帳,以及如何想要改變卻不知如何改變起。你會建議他何種家庭作業? _____

_____

_____

_____

個案範例

卡蘿：「家中所有的問題都是我的錯。」

　　身為家中長女，卡蘿（二十九歲）認為家中的摩擦與意見衝突，她應負最大的責任。她的父親在大部份的時間裡鬱鬱寡歡（對此卡蘿感到歉疚）；她的母親感到工作負荷太重，顯得力不從心（對此卡蘿覺得自己有錯）；她那兩個妹妹學校功課不好，而且有其他問題（對此卡蘿也認為自己脫不了干係）。她確信如果自己有所不同，並且做她「應該」做的，則大部份的問題都會顯著改善。她對你述說以下的話：

- 我的父親期望我成為家中的強人，為了不讓他失望，我**必須**堅強。
- 由於母親工作過度，我**應該**負起更多照料妹妹的責任。我**應該**能夠跟她們溝通，協助解決她們的問題。
- 妹妹們都期望我為她們處理雜事，協助她們的功課，以及維持我在她們心目中應扮演的角色。我**應該**符合她們的期望。如果在這方面做不到的話，對我絕對會很難堪，因為一旦她們長大之後，還是會問題重重，我這下半輩子必然會一直自責不已。

1. 試從理情行為治療法的觀點，為以下項目的重要性排序：
   　＿＿＿＿對卡蘿表達支持與瞭解。
   　＿＿＿＿與卡蘿建立溫暖的個人關係。

_____ 告知卡蘿不應有她的那些想法。

_____ 面質卡蘿的非理性假設。

_____ 要求卡蘿質疑她那些信念的根源。

_____ 詢問卡蘿最想改變什麼。

_____ 教導卡蘿如何辨認思考中的瑕疵及進行對信念的爭論。

_____ 振奮卡蘿的信心。

　　以上有哪些項目你「不會」做？有哪些項目是你強調的，但未出現在上列的項目中？

2.REBT的從業人員會進行的一件事情是，教導·卡蘿瞭解她的思考與對事件的評估造成了她的問題（愧疚感、焦慮、及不安全感）。你認為她對自己所說的哪些話是不理性的？

3.在REBT的架構下，你會想要協助她去消除那些自我破壞的想法。一旦她找出了製造困擾的信念之後，你傾向於用以下的哪些技術？

_____ 主動教導法。

_____ 閱讀書籍治療法。

_____ 鬆弛練習。

_____ 幻想練習（在幻想中調理她過去的經驗）。

_____ 特定的家庭作業指派。

_____ 由治療者給予解析。

_____ 自由聯想。

_____ 記錄各種事件、想法、感受、及結果。

_____ 行為預演。

_____ 寫自傳。

_____ 寫「信」給父母與妹妹們。

_____與非理性信念爭論。

列出你傾向於使用的其它處理程序：_____

_____

_____

4. 試以較大的篇幅討論上述你最可能倚重的技術。在技術的使用歷程中，你預期會發生什麼？你希望看到何種結果？

5. 假設卡蘿堅定地認爲她的信念並不是非理性的，例如，她告訴你：「我很清楚如果我把女兒的角色扮演得更好，父親就不會憂鬱。就是因爲我令他失望，所以他才覺得他這個父親沒有用。」此時，你會如何回應？

6. 如果卡蘿堅持她的想法，認爲取得她父親的認可，才能令她心安，此時在輔導上，你會帶領她往何種方向？

7. 你認爲讓卡蘿填寫REBT自助表格會有什麼價值性？

8. 試將理情心像用在卡蘿的個案上。你會如何協助她想像她以自己所喜歡的方式去思考、感受、與表現行爲？

9. 如果有的話，使用貝克的認知治療法與艾里斯的REBT之間會有哪些差異？

哈爾與彼得：一對尋求諮商的同性戀者

哈爾與彼得一起生活多年了。跟異性戀者一樣，他們在關係中也體驗到摩擦。最近，情況有惡化的現象，哈爾希望能夠解決某些問題，否則打算與彼得分手。彼得非常擔心分手，因此同意以配偶的關係尋求諮商協助。同性戀這項事實並未使他們任一方感到困擾，他們也不認爲是問題所在。他們在一開頭就讓你清楚，他們尋

求諮商不是爲了「治療」他們的同性戀行爲，而是他們之間有些問題是他們自己無法解決的，導致他們懷疑他們是否能夠繼續相處下去。

彼得覺得自己未受到重視，也感受不到哈爾以「我所喜歡的方式」去關心他。彼得在一開始對你說：

我是如此努力去做那些我認爲哈爾所期望的事情。取悅他是眞正重要的事情，因爲我擔心如果不這麼做，他會不高興而離去。而如果他走了，所有可怕的事情就會接連發生。第一，我會一直有被遺棄的感覺。我需要依賴某個人——他能夠傾聽我，關心我，接納我，喜歡跟我在一起，以及會認可我所做的一切。我覺得我**「必須」**跟這樣的人一起生活。如果我感覺不到這些，我會認爲這個人不愛我，而我是需要有人愛的。我的父母並不愛我，他們不曾給過我所需要的認可，而我認爲這是最重要的。我覺得生活常會對我開一些骯髒的玩笑。有一段長時間以來，我覺得哈爾是**「眞正」**能信賴的人，因爲不管我是何種人，他肯跟我在一起，肯定我並關心我。現在，在我信賴他之後，他開始說我要求太多，以及無法滿足我的所有要求。我不認爲我一直在要求——我只是希望有個親近的人愛我與接納我。如果找不到這樣的一個人，我覺得人生沒有太大的意義。

哈爾則說：

坦白說，我已經厭倦了要一直去肯定彼得，給予他不間斷的愛。不論我做什麼或說什麼，我常會覺得不夠，無法符合彼得的期望。我痛恨那種必須小心翼翼權衡每一件事情、唯恐彼得不高興的感覺。我就是無法忍受有人對我不高興——那會使我厭煩並產生罪惡感——彷彿我應該還要做得更好才行。如果無法讓我消除這些感

覺，我寧願一走了之！

思考的問題

　　假設他們兩人同意接受六次的諮商治療，屆時再來決定要不要分手。如果決定不分手，則須接受進一步的諮商治療，以尋求改善關係之道。

1. 從REBT的觀點，以下是彼得的一些非理性信念。試說明你會如何向彼得解釋這些自我挫敗的態度是問題的根源：

   ■ 我**必須**取悅哈爾，否則他會離去，那結果會很恐怖。

   ■ 我**必須**依賴某個人，否則我無法獨立過生活。

   ■ 我**必須**有個人來關懷我、愛我、肯定我，否則生活就沒有意義。

   ■ 如果得不到我所要的，生活就是不公平的！

2. 同樣的，從REBT的觀點，你會如何輔導哈爾的非理性信念？你會如何教導他跟那些信念爭論？你會如何向他說明這些信念是問題的根源？

   ■ 我**必須**證明自己，我**必須**能夠符合別人對我的期望——否則我就會有罪惡感，我就很爛。

   ■ 如果無法滿足彼得的需求，我就會有歉疚感。

3. 試說明如何向他們兩人解釋，他們的信念與假定跟他們的關係問題息息相關。你認為以哪些方式處理他們的非理性信念將會影響到他們的關係？

4. 如果你以貝克的認知治療法去輔導哈爾與彼得，跟採取艾里斯的REBT會有何不同？

綜合測驗

是非題

T F　1. REBT使用認知與行為技術，但未使用情緒技術。

T F　2. REBT強調治療者須對當事人表現出無條件的正面關懷。

T F　3. 治療憂鬱的認知治療法是麥新戀開發出來的。

T F　4. REBT是認知行為治療法的一種。

T F　5. 艾里斯同意羅傑斯的看法，認為治療者與當事人的關係是
　　　　促使改變發生的條件之一。

T F　6. 壓力免疫訓練是貝克開發出來的。

T F　7. 為了覺得自己有價值，人們需要從親近的人身上感受到愛
　　　　與接納。

T F　8. 艾里斯認為，事件本身不會造成情緒困擾，而是人們對此
　　　　等事件的評價與信念造成的。

T F　9. 貝克的認知治療法與艾里斯的REBT有一項差別，那就是
　　　　貝克強調協助當事人自己去發掘自己的錯誤觀念。

T F　10. 根據貝克的說法，當人們用一套不切實際的規定來給自己
　　　　貼上標籤及評價自己時，困擾就會產生。

選擇題

_____11. REBT強調

　　　　a. 支持、瞭解、溫暖、與同理心。

　　　　b. 察覺、未竟事務、僵局、與體驗。

　　　　c. 思考、判斷、分析、與行動。

d.主觀性、存在性焦慮、自我實現、與此時此地。

e.移情、夢境分析、發掘潛意識、與幼時經驗。

_____12.REBT對人的哲學性假設是

a.天生會追求自我實現。

b.受控於性與侵略的潛意識力量。

c.有理性思考的潛能，但也有非理性思考的傾向。

d.致力於發展一生活風格以克服自卑感。

e.全然受控於環境的制約。

_____13.REBT強調人們

a.思考、表現情緒、與表現行為是同時發生的。

b.是在沒有情緒下思考的。

c.是在沒有思考下表現情緒的。

d.是在沒有思考或情緒下表現行為的。

_____14.REBT認為精神官能症是下列何項的結果？

a.在嬰兒期獲得的母愛不足。

b.未能滿足存在需求。

c.過多的情緒感受。

d.非理性的思考與行為表現。

_____15.根據REBT的觀點，以下何項是大多數情緒困擾的癥結所在？

a.自我責備。

b.怨恨。

c.憤怒。

d.未竟事務。

e.憂鬱。

_____16.REBT認為人們

    a.有尋求每個人的愛與接納之需求。

    b.需要被大多數人接納。

    c.如果被人拒絕，會產生情緒困擾。

    d.並不需要別人的愛與接納。

    e.b.與c.。

_____17.根據REBT的觀點，情緒困擾是由於

    a.創傷事件。

    b.人們對某些事件的信念。

    c.遭到依賴的人的遺棄。

    d.得不到愛與接納。

_____18.根據REBT的觀點，治療關係是

    a.產生改變的必要但非充分條件。

    b.產生改變的必要與充分條件。

    c.既非產生改變的必要條件，也不是充分條件。

_____19.以下何項不是REBT使用的方法？

    a.說服。

    b.反宣傳。

    c.面質。

    d.邏輯分析。

    e.移情關係分析。

_____20.認知治療法假設

    a.感受決定想法。

    b.感受決定行動。

    c.認知是如何感受與表現行為的主要決定因子。

d.改變思考的最佳途徑，是在此時此地再次體驗過去的情緒創傷。

e.洞察是產生任何改變所必需的。

_____ 21.在認知治療法裡，技術是設計來

a.協助當事人以理性信念取代非理性信念。

b.協助當事人更深刻地體驗其感受。

c.確認與測試當事人的錯誤觀念與瑕疵假定。

d.促使當事人能夠處理存在性的孤獨感。

e.教導當事人僅以正面性的想法來思考。

_____ 22.「全或無」或「非黑即白」的認知錯誤是屬於

a.擴大與誇張。

b.極端化思考。

c.隨意推論。

d.過度概括化。

e.以上皆非。

_____ 23.貝克的認知治療法有別於艾里斯的REBT之處在於前者強調

a.蘇格拉底式對話。

b.協助當事人自己去發現自己的錯誤觀念。

c.跟當事人一起協同合作。

d.治療歷程更具結構性。

e.以上皆是。

_____ 24.貝克的認知治療法最廣為應用於治療

a.壓力症候群。

b.焦慮。

c.恐慌。

d.憂鬱。

e.冠狀性血管疾病。

_____25.在麥新懋的自我教導治療法裡，以下何者最為重要？

a.偵測與反駁非理性信念。

b.內心對話的角色。

c.學習情緒困擾的A-B-C理論。

d.確認認知上的錯誤。

e.探索與幼年時期的決定有關之感受。

REBT　自助表格

(A)**啓動事件**、想法、或感受（就發生在我產生困擾情緒或自我挫敗行爲之前）：

_____

_____

(C)**結果或狀態**──困擾的情緒或自我挫敗的行爲──這是發生在我身上，也
是我想改變的： _____

_____

_____

(B)**信念──非理性信念**	(D)**爭辯──**	(E)**有效的理性信念──**
指導致上述結果的信念。試圈選所有與上述啓動事件(A)有關的信念。	針對每項你所圈選的非理性信念展開爭辯。例如：「爲什麼我『**必須**』做得非常好呢？」、「我身上有哪個地方寫著我是個『**爛人**』呢？」、「有什麼證據說我『**必須**』獲得別人的認可或接納呢？」	用以取代非理性信念。例如「我是『**寧願**』做得非常好，但不是『**一定要**』。」、「沒有證據說我『**必須**』獲得別人的認可，雖然我『**喜歡**』這種結局。」
1.我「**必須**」做得好或非常好！		
2.如果表現軟弱或愚蠢，我就是個「**爛人**」或「**沒用的人**」。		
3.我「**必須**」獲得我重視的人之認可或接納。		

4. 我所重視的人「**必須**」
   愛我。

5. 如果受到拒絕，我就是
   個「**差勁、不爲人愛的
   人**」。

6. 人們「**必須**」公平待我，
   並給予**我所需要的**。

7. 人們「**必須**」符合我的
   期望，否則情形就會很
   恐怖。

8. 有不道德行爲的人就是
   「**爛人**」！

9. 我「**無法忍受**」不好的
   事情或難纏的人。

10. 我的生活「**必須**」風平
    浪靜，沒有麻煩。

11.如果重要的事情不順利
的話，情形就會很「恐
怖」！

12.我「無法忍受」不公平
的生活。

13.我「需要」立即得到許
多滿足，如果得不到，
我「一定」會有悲慘的
感受。

其它的非理性信念：

(F)「感受與行為」——建立起**有效的理性信念**之後我的體驗是：＿＿＿＿＿＿＿

■ **我必須在許多場合裡對自己灌輸理性的信念，使現在的情緒
不受困擾，及減少未來的自我挫敗行為。**

12   家族系統治療法

章前自評量表

提示：請參照前面各章的提示說明作答。

5＝強烈同意

4＝同意

3＝不確定

2＝不同意

1＝強烈不同意

_____ 1. 檢視個體的最佳立足點是系統背景（即個體所隸屬的家族或社區）。

_____ 2. 個體的問題症狀，從功能運作不良的系統之背景下最能夠加以瞭解。

_____ 3. 由於個體是跟活生生的系統聯結著，因此該系統的某部份出現改變，會導致其它部份也產生改變。

_____ 4. 如果未能適度地考慮人際關係中的動力，而只著重在研究個體的內心動力，對這個人會產生不完整的畫像。

_____ 5. 除非將當事人的親密關係網路考慮進去，否則無法促使他們產生顯著的改變或無法持久。

_____ 6. 家族治療法必須檢查文化因素如何影響各個家族成員。

_____ 7. 家族治療法的從業人員係扮演教師、示範楷模、及教練等角色。

_____ 8. 如果人們希望擁有一成熟與獨立的人格，則與家族之間的

那些未解決的情感糾葛（fusion）須加以解決。

_____9.將自己從家族中區隔出來，最好視為終生不斷進行的歷程。

_____10.為了提高心理運作功能與臨床療效，學習家族治療法的學子須處理自己家族的那些問題課題。

_____11.家族治療法的一項核心目標，應是解決家族目前的問題。

_____12.為瞭解家族的結構，須注意誰以何種方式向誰說些什麼。

_____13.因為較大的社會結構影響家族的組織，因此社區對家族的影響必須加以考慮。

_____14.有療效的家族治療法應該短期、應焦注在解決辦法上、以及應處理家族中此時此地的互動情形。

_____15.規劃一治療策略以解決當事人的問題，是家族治療法從業人員的職責。

_____16.在輔導家族時，家族治療法的從業人員必須積極主動，有時則須給予指導。

_____17.在家族治療法中，治療者須具備的個人特質包括直覺敏銳、自發性強、有創造力、自我開放、及樂於冒險。

_____18.在進行家族治療法時，須同時注意家族中的口語與非口語溝通型態。

_____19.一項家族治療法適當的目標，是尋求個體與家族的成長，而不只是使家族穩定下來。

_____20.在輔導具抗拒性的家族成員時，使用操縱性與間接的處理程序也許有治療上價值，例如使用欲擒故縱法。

家族系統治療法複習

主要人物與重點

多世代取向的主要人物是包文，他強調從一個人的原生長家族去探索關係與行為型態。

聯合取向的主要人物是沙特，本取向把焦點放在治療者與家族成員之間的人際關係上。

經驗取向的主要人物是菲鐵克，本取向假設改變家族的是經驗而非教育。

結構取向的主要人物是密努擎，他的理論著重在家族子系統、邊界、及層級結構等概念上。

策略取向的主要人物是哈雷與瑪湞絲，本取向強調父母層級及跨世代的聯結。

社會建構主義取向有多位主要人物，包括：湯姆安德森、哈林安德森、哈洛古力辛、懷特、亞伯斯坦、渥杭隆、維納戴維斯、及歇哲。建構主義的焦點放在人們如何在他們的生活中創造意義性，及他們如何在他們所生活的環境中去建構個人的真實性。

哲學觀與基本假設

幾乎所有的理論都是從互動與系統的觀點來檢視家族，視個體

的功能不良行為，是家族內功能不良行為的顯現，或以負面的方式影響著家族。家族治療法是個分歧的領域，對於家族內改變如何發生，有著多種的理論，治療策略也同樣每每不同。這些理論有一共通的哲學觀：如果要促使改變發生並能持久維持，則處理系統中的所有部份是相當重要的。

從社會建構主義的觀點來看，人們所說的故事都在於創造意義。有多少說故事的人，就會有同樣多的意義，並且對說故事的人而言，他們的故事都是真的。其假設是，沒有絕對的事實真相，這意味著治療者不應將自己的事實真相版或他們的價值觀，加諸在當事人身上。

重要觀念

由於派別如此之多，很難找到一組觀念足以涵蓋所有治療取向，因此分別敘述各個取向的重要觀念如下：

■ 包文的多世代取向焦注於延伸家族的型態、迷思、與規定上。區隔化與三角關係是兩項主要的觀念。

■ 沙特的聯合取向使用一溝通歷程去找出存在於家族中的規定，並澄清各個家族成員的適應情形。

■ 經驗取向對於個體在系統背景下的成長，在說明解釋上採取一種發展的觀點。雖然許多從業人員對於治療目標的看法相同，但是所使用的干預措施則有別。

■ 結構取向的重要觀念包括視家族為一系統、家族子系統、邊界、及層級結構。

■ 策略取向所採取的干預措施係根據一溝通模式，並把焦點放在家

族內膠著的互動型態。

- 社會建構主義取向，在瞭解家族如何建構其生活方面，分別會去處理脚本、解法導向對話、性別察覺、文化觀、及發展歷程等核心素材。

治療目標

以下是六種派別的治療目標之摘要：

- 包文的多世代取向尋求(1)減低焦慮與舒解困擾症狀，及(2)使每個家族成員與家族及文化背景之間的區隔化程度達到最大。
- 聯合取向的治療目標，與沙特對改變歷程的看法是一致的。特定的目標包括產生自尊與希望，確認與加強因應技能，以及促進健康與自我實現。
- 經驗取向的目標包括提高對目前體驗的察覺，促進個人的成長與更有效的互動型態，以及增進真誠的關係。
- 結構取向的目標，包括治療問題症狀及改變家族內功能不良的互動型態。歷程中會去找出控管家族成員間之互動關係的規矩或規定，目的在於協助他們發展清楚的邊界及適當的層級結構。
- 策略取向不重視洞察，其主要目標在於解決家族目前的問題（或症狀），歷程中係將焦點放在家族目前的互動行為上。
- 社會建構主義取向的目標，在於協助家族成員瓦解問題重重的脚本，及重新編導更令人滿足的生活。治療者不會強迫家族接受自己的價值觀或目標，只會處理家族所關切的問題。社會建構主義者相信，協助人們確認他們的目標，並焦注在他們的長處上，而非錨定在他們的問題上，將會使人們產生更多的力量。

治療關係

　　策略取向與結構取向並不強調治療關係，而經驗取向與聯合取向則以治療關係的品質為基礎。許多家族治療法的治療者首要關心的是解法導向的治療，以及教導家族成員如何調整功能不良的互動型態與改變刻板式的互動型態。有些治療者較著重於施用技術以解決當事人目前的問題，而較不重視治療關係。其他的治療者則體認他們與家族成員之間的關係只是短暫，因此較重視家族內部關係的品質。

　　從社會建構主義者的觀點來看，治療是一項協同合作的探險，治療者係與家族一起進行治療工作，而不只是在家族身上進行治療。治療者的目標不在於「製造」改變，而是致力於家族中創造一種瞭解與接納的氣氛，使家族成員能去開發他們的資源，進而產生建設性的改變。

治療者的角色與功能

- 多世代取向的治療者站在理性的立足點，致力於維持中立。然而，對於促進家族內的改變，他們則頗為積極主動。在協助當事人或配偶收集關於原生長家族的資訊之後，他們會教導各個當事人發展出策略，使能跟重要的關係人做更好的相處。
- 聯合取向的治療者之基本功能，在於引導各個家族成員通過改變的歷程。治療者將提供新的經驗給家族，並教導家族成員們如何開放地溝通。在本取向裡，治療者是積極的促進者，著眼於提升

家族成員們的內在潛能。

■ 經驗取向的治療者會以自我開放與真誠把個人融入輔導工作中。治療者在不同的治療時間點扮演各種不同的功能，包括壓力的活化者、成長的加速者、及創意的刺激者。

■ 結構取向的治療者扮演舞台導演的角色，他們會融入家族系統中，並致力於操縱家族結構，目的在於矯正功能不良的型態。治療者的核心任務，在於將整個家族視為一個單位來處理，進而啟動一重整歷程。

■ 策略取向的治療者會以積極及指導性的角色投入輔導工作。扮演顧問與專家的角色時，他們會以操縱性與權威性的姿態處理抗拒行為。在執行其功能時，他們的特點是問題導向、帶指示色彩、以及有點欲擒故縱。治療者以代理人的身份自居，負責改變家族的組織及解決家族現存的問題。

■ 社會建構主義取向的治療者認為，他們是與受輔導的家族協同合作，而不是扮演專家的角色。由於假設人們是受到人際互動關係的塑造，因此本取向的治療者致力於創造出一種氣氛，藉此鼓勵家族成員不防衛地去探索他們的問題，及發掘出自己的解決之道。

技術與程序

　　家族治療法的技術相當分歧，是隨著理論取向之不同而不同，並且即使是屬於同一派別的實務人員，在使用技術時也都有相當程度的彈性空間。家族治療法的治療者往往具有積極、指導性、及解決問題導向等特點，並且不會怯於從各種不同的治療取向借用治療

技術。以下是各取向常用的一些干預策略：

- 多世代取向焦注於詢問問題、追蹤互動的情形、指派家庭作業、及施予教育。
- 聯合取向使用的各種技術，是爲了促進家族內的人際溝通品質，其中的一些技術包括心理劇、架新框、幽默、接觸、家族重建、家族圖示、家族大事記、及家族雕塑。
- 經驗取向認爲利用治療者本身就是最佳的治療技術，他們會在輔導家族依情況而創造出干預措施。
- 結構取向使用的技術包括追蹤互動過程、下達指令、架新框、融入與調適、再建構、情境扮演、及家族圖示。
- 策略取向使用架新框、下達指令、欲擒故縱法、及追蹤互動過程等技術。
- 社會建構主義取向依治療者的導向而使用多種不同的技術。有些治療者會要求當事人將問題外部化，並著重在當事人的長處或未使用過的資源。其他的治療者會挑戰當事人去發掘可能奏效的解決辦法。他們的技術焦注在未來及如何最佳地解決問題，而不在於瞭解問題的成因。

貢獻

家族系統治療法的主要貢獻，在於涵蓋了系統中的所有部份，而不是僅止於「可辨認的患者」。由於個體的問題是人際關係上的問題，因此焦注在對個體有影響力的互動因素與外在因素上是有道理的。

限制

　　家族系統治療法一項主要的限制是，由於著重在較大的系統上而忽視了個人。如果整個家族前來尋求治療，那麼把治療重心放在整個家族上是有一些真正的益處。然而，家族系統治療法所使用的術語及把焦點放在系統上，這往往會因顧及整體而忽略個體。後現代的思潮及本領域的自然發展，已經開始整合個體觀與系統觀。

重要名詞解釋

　　調適（accommodating）：這主要是結構取向所使用的治療程序，即治療者為了與家族建立治療上的聯盟關係，而去適應家族的特性。

　　邊界（boundary）：屬結構取向的術語，指在系統中保護個體的情感障礙。

　　封閉的家族系統（closed family system）：一種家族結構，特徵是對於與外在環境的互動有嚴格的管制，對於人員與資訊的進與出也有限制。

　　教導（coaching）：這是包文與菲鐵克認為治療者應扮演的一種角色，即在當事人進行自我區隔化的歷程中給予協助。

　　建構主義（constructivism）：一種治療取向，強調對事實真相的主觀認知。

　　消除三角關係（detriangulation）：指個體撤出家族中的三角

關係之歷程，目的在於使自己不再介入另兩位成員情感交換的糾葛中。

自我的區隔化（differentiation of self）：這是包文的心理概念，指在心智上與情感上脫離別人而獨立。區隔化程度越高，則越能避免與其他家族成員捲進功能不良的互動型態中。

脫離（disengagement）：密努擎使用的術語，指一種家族組織，其特徵是僵硬的邊界造成家族成員的心理孤立。

情感的切斷（emotional cutoff）：包文的用語，指逃避未解決的情感依附；一種脫離原生長家族或儘量忽視其重要性的歷程。

情感的仳離（emotional divorce）：指夫妻雖仍然共同參與家族活動，但彼此間已無情感接觸的一種疏遠歷程。

情境扮演（enactment）：結構取向所使用的一種干預措施，即在治療回合中由家族成員把彼此的關係型態扮演出來，讓治療者能夠細細觀察，進而著手改變其中的互動情形，使家族結構變得更好。

陷網狀態（enmeshment）：這是密努擎的用語，指一種家族結構，由於心理邊界十分模糊，使自主性很難培養起來。

經驗取向治療法（experiential therapy）：一種治療取向，強調治療者與家族互動時衷心真實的價值性。

家族運作功能不良（family dysfunction）：指家族無法獲致調和的關係及達到相互依賴的狀態。

家族生活循環（family life cycle）：指個體在家族中的一連串事件，包括脫離父母的呵護至結婚至漸漸變老及死去。

家族生活大事紀（family life-fact chronology）：聯合取向所使用的技術，即讓當事人追溯其家族的歷史，以獲得對家族目前運作功能之洞察。

家族迷思（family myths）：指家族所秉持的一套信念，此等信念係來自對過去事實的扭曲，對於家族成員間的互動型態與互動關係有塑造、維持、與認可的影響力。

　　原生長家族（family of origin）：一個人出生或被撫養的原核心家庭。

　　家族投射歷程（family-projection process）：這是包文提出的觀念，指父母間的衝突投射到一個或多個小孩身上之機制。

　　家族規定（family rules）：指家族對於權利、義務、及適當行為所訂的內規。

　　家族雕塑（family sculpting）：這是聯合取向所使用的技術，用來提高家族成員察覺他們在家族中如何運作，以及察覺其他成員如何看待他們。

　　家族結構（family structure）：指家族的功能之組織方式，會影響成員間的互動型態。

　　家族系統理論（family systems theory）：包文所提的治療取向，即從多世代的觀點來瞭解相互連結的關係網路。

　　運作良好的家族（functional family）：指一種家族，特徵是各個成員的需求都能獲得滿足，以及成員間的相互依賴與自主性能夠平衡。

　　融和（fusion）：指自己與別人的情感邊界趨於模糊的狀態。

　　世代圖（genogram）：指家族系統的結構圖，至少包含三代，這是許多家族治療法的治療者常用來指認重覆出現的行為型態之工具。

　　穩態（homeostasis）：指系統處於穩定平衡的狀態。

　　可指認的患者（identified patient）：指帶有家族症狀或被家

人認定有問題的家族成員。在世代圖裡，這種人稱爲指標人物。

融入 (joining)：結構取向的作法，爲了協助成員們改變其功能不良的型態而去適應家族系統。

現代主義者 (modernist)：這派人士認爲，不論由誰來觀察，客觀的事實是不會變的，並認爲尋求諮商的人是由於自知偏離某個客觀的規範太多。

多世代傳遞歷程 (multigenerational transmission process)：指功能不良的型態，一代代往下傳承的歷程。

脚本 (narrative)：這是社會建構主義取向的觀念，指人們如何在自己的生活創造「故事化」的意義。

開放的家族系統 (open family system)：指一種家族結構，特徵是互動的型態是由團體共識來管制，並且其邊界具有彈性，家族的版圖會往外延伸至較大的社會中。

欲擒故縱的指令 (paradoxical directive)：策略取向所使用的技術，治療者要求家族成員們繼續表現其問題行爲。當他們抗拒指令時，改變就會逐漸產生。

後現代主義者 (postmodernist)：這派人士相信主觀的事實，而此等主觀事實無法隨著使用的觀察程序之不同而保持不變。當人們認爲有項問題必須正視時，該項問題才會存在。

重新編導 (reauthoring)：協助人們爲自己的生活創造新的故事。

架新框 (reframing)：將家族對某行爲的描述貼上一種新而較正面的詮釋標籤。

再拉緊 (restraining)：這是策略取向使用來對付抗拒的一種技術，建議家族不要去改變。

策略取向治療法 (strategic therapy)：一種治療取向，治療者爲解決家族現存的問題，會開發一特定計畫並設計干預措施。

　　結構取向治療法 (structural therapy)：一種治療取向，爲調整功能不良的型態及澄清邊界，乃著重在改變家族的組織。

　　三角 (triangle)：含有三個人的系統；這是人類關係中最不穩定的情感單位。

　　三角關係 (triangulation)：一種互動型態，兩個人之間的衝突因扯入第三人而獲得緩衝。

討論問題

---

1. 家族系統治療取向與個體諮商取向，有哪些主要的差異？
2. 包文的多世代取向有項基本假設是：未解決的情感課題（如個體未能與家族區隔）會代代傳承下去。當你研究自己的家族時，有沒有察覺到自己「繼承」了一些行爲型態？
3. 菲鐵克通常會找一個協同治療者與他搭檔。此種作法有何益處？有何壞處？
4. 在聯合取向裡，治療者會使用自己來充當改變的促進者。對於使用治療者自己比任何技術重要的想法，你同意（或不同意）至何種程度？在這方面，跟策略取向有何不同？
5. 結構取向強調治療者須融入與適應受輔導的家族。想像在這兩方面，你在輔導某些家族時會產生哪些困難？
6. 策略取向的治療者須掌控治療的進行，這通常包括下達指令及規劃出策略去解決當事人的問題。對於肩負此一角色，你自認爲會

多勝任呢？你認爲本取向最適用在哪些當事人身上？

7. 社會建構主義取向強調與當事人協同合作，而不是指導他們。本取向著重於創造出一種氣氛，使家族成員們能在較不防衛的心態下探索其問題，並能夠改變自己。你認爲這跟策略取向與結構取向有哪些基本差異？

8. 你認爲個體諮商理論有哪些途徑可以整合到家族治療法的實務中？你認爲這兩派治療取向有哪些觀念可以做爲整合的基礎？

9. 爲了使輔導家族的實務合乎道德及具有療效，你認爲自己需要接受哪些教育、訓練、與監督？對於尋求這方面的能力，你還有哪些想法？

10. 關於女權主義者對家族治療法的批評，你的反應如何？家族治療法可以有哪些方式焦注在性別與文化變數上？

個人應用上的建議活動與練習

1. 你的過去如何影響你的現在

當你輔導一個人，一對配偶，或一個家族時，你對他們的知覺不會總是未受到扭曲。當你碰到的人恰能勾起你與過去某個人某些未解決的關係時，你就會無意識地透過你目前的關係去處理那些過去的關係。你越能察覺自己與家人之間的關係型態的話，對當事人的益處就越大。最重要的是，你知道你所回應的人是誰：是出現在你面前的人或跟你的過去有關的人。

以下這個練習在於體驗沙特所指的，我們在自己生活中會不斷

地再次碰到過去的重要他人與家人：站在目前生活中吸引你或困擾你的某個人面前（A人士）。這個人可能是你的當事人，同事，家人，或朋友。如果這個人不在場，你可以想像他（她）在場。仔細端詳這個人，並在心版上形成影像。現在，讓你過去中的某個人的影像浮現上來（B人士）？誰來了？在影像中你的年紀多大，以及B的年紀多大？你跟記取的這個人有什麼關係？這些關係中聯結著哪些感受？你對B有哪些想法？

現在，再次檢驗你目前對A的情緒反應。你是否看出A對你所喚起的情緒與B對你所喚起的情緒之間有任何關連性？當你對別人有強烈的情緒反應時，特別是你並不熟悉對方時，你可以藉著心像去做上述的練習。這個練習能幫助你開始認清你過去的關係，有時會如何影響你現在對別人的情緒反應。也許更重要的是，察覺你自己以哪些方式將你的過去帶到目前的互動中。

2.瞭解你的家族結構

家族結構也包括諸如出生別，個體在家族背景下對自我的知覺等因素。家族結構的另一面是家族的特殊型態，包括核心家庭、延伸家庭、單親家庭、離婚家庭、及混合式家庭。當你思考以下問題時，試著指出你的家族結構之獨特處。

- 你生長於何種型式的家族結構？你的家族結構可能會隨著時間而改變，如果是這樣，這些改變是什麼？關於你在家族中的生長情形，你最能記憶些什麼？你的家族有哪些最重要的價值觀？其中哪些對你而言最具影響力？你認為這些經驗是否仍然持續影響著現在的你？
- 你目前的家庭是何種結構？你跟原生長家庭是否仍然過往甚密？

你是否把原生長家庭的某些型態帶到目前的家庭中？你認為自己在這兩個家庭中有何不同？

- 試著製作原生長家庭的世代圖，包括所有家族的成員，並指認出在這些成員之間明顯的聯盟關係。接著指出這些家族成員在你小時候跟你的關係及目前跟你的關係。

- 將你的兄弟姊妹按年紀排出，並對每一位（包括自己）做簡略的敍述。每個人最突出的特點是什麼？那一位跟你最不同，在哪些方面？那一位跟你最相像，在哪些方面？

- 試著回想成長經驗中的一些主要構面。你如何描述小時候的你？你有哪些恐懼？希望？志向？學校對你而言像是什麼？你在同伴群中都扮演什麼角色？在幼年時期裡，你在身體、性、及人際關係的發展上，有過哪些突出的事件？

- 指出你個人的一項問題。你認為你與家人的關係對於這項問題的發展與未能解決有何影響？對於這項問題，除了責怪家族之外，你自己還有哪些選擇可以產生實質的改變？你在家族中，在那些方面可以有所不同？

3. 與家族區隔及隸屬於家族之間的平衡

- 如果有的話，你認為有哪些明顯的方式可以使自己有清楚的認同感及在心理上與原生長家庭分開來？以及如果有的話，有哪些方式可以在心理上與原生長家庭融合在一起？關於這些，在哪些方面你希望有所改變？

- 在某些文化裡，自主性並不是一項值得珍惜的價值觀，反而認為小孩子不可以與其他的家人明顯地分開。在此等文化裡，集體意識比個體獨立更受到重視。哪些文化價值觀影響你追求自主性？

哪些來自文化背景的價值觀是你想要保存的？又有哪些你想要去挑戰或修正？

■ 「邊界」的觀念，在家族治療法中是指保護與提高家族成員的完整性之情感障礙，同時也是指內隱外顯的規定，說明著家族成員間能以何種方式互動。試將邊界的觀念應用在你的發展上。在家族中生長的過程中，你與父母之間存在著哪些邊界？兄弟姊妹之間存在著哪些邊界？父親與母親之間呢？對於邊界，你學習到了什麼？目前的邊界有任何問題嗎？

4.瞭解家族的規定

我們的父母親所訂下的規定，或傳遞的訊息常有以下的形式：「要聽話」、「要實際一點」、「表現出你最好的實力」、「要得體」、「要追求完美」、及「要爲家族爭光」等等。此時，試著回想你的家族中有哪些明顯的規定。哪些主要的規定掌控著你的家族？在大人之間有哪些未說出的規定？哪些規定使你學習到適切的性別角色之行爲？你遵循所有這些規定至何種程度？你挑戰過哪些規定？那些未說出的規定如何影響你？有哪些規定環繞著不能提及的事物？如果家族中存在著秘密，這些秘密如何影響家族中的氣氛？

試思索你在生長過程中聽到的一些主要的「要如何如何」與「不可以如何如何」等規定，以及你對這些規定的反應。

■ 哪些規定或訊息在過去你是接受的？

■ 哪些規定在過去你是反對的？

■ 你在幼年時期做過的何項決定對於今日的你最具影響力？在家族的哪些背景下你做成上述的那些決定？如果在生長過程中你一直認爲「我永遠是不足的」，這項關於自己的結論會如何影響你目前

生活中的各項關係？

■ 你是否曾經將父母對你說過的話對別人說？

■ 試著思考一下父母與社會傳遞給你的訊息之整個影響力。這些訊息如何影響你的自尊？如何影響你對自己身為男人或女人的看法？如何影響你給予與接受愛的能力？如何影響你對自己的信賴感？如何影響你的創造力與自發性？如何影響你的安全感？如何影響你成就事物的潛能？

5.家族的重要發展

你可能發現將原生長家庭的過去做一回想會很有用處。有一個方法是找家族的照片來看，然後由照片來勾起你的回憶，並試著找出各種互動型態，及從這些線索拼出家族的動力情形。在探討家族的發展過程時，請思考以下問題：

■ 家族有哪些危機點？

■ 你能記起任何影響家族的突發事件嗎？

■ 家族成員曾因就業、服兵役、或入獄而分開嗎？

■ 家族中有哪些問題成員？問題是什麼？其他家族成員如何對待他們？

■ 出生別對家族有何影響？

■ 原生長家庭發生過嚴重的疾病、意外、婚、或死亡等事件嗎？如果有的話，對於整個家族及各個成員有何影響？

個案範例

克林一家：有問題兒子的家庭

　　假設有個人到你服務的機構做初次的面談，並提供以下的資訊：

　　克林這一家的成員包括克林夫婦、兩個女兒（文茜十歲，艾梅十二歲）、及一個兒子（葛瑞十六歲）。克林說，他的兒子有偷竊與嗑藥的問題，目前受到緩刑處分，法院並要求他兒子接受諮商治療，還建議選擇某種家族治療法。

　　克林聽從法院的建議，但並不抱太大的希望。根據克林的說法，他認為妻子應為家裡的問題負責，而且還說她是個酒鬼。克林是個商人，出差在外的時間很長，他認為自己為了讓這個家凝聚起來，已經竭盡他最大的能力了。他自認是個標準的一家之主，妻子耽於酒精令他不解。他認為兒子葛瑞已擁有他小時候所想要的任何東西了，並認定時下的小孩都是「被寵壞的壞胚子」。這個父親又說，大女兒艾梅是所有小孩當中最好的，對她他沒有任何埋怨。他覺得艾梅比她母親負責，對他也較親切。至於小女兒文茜，他認為已經被她母親寵壞了，他對她不抱希望。

　　克林樂意全家一起來接受諮商治療，並希望諮商員能矯正他的家人。他說他們夫妻與文茜都願意來，但是艾梅則不願意來，因為她認為自己沒有問題，不需要接受什麼治療。葛瑞則非常抗拒，即

使來一次也不肯，因為他覺得在治療時他一定會是眾矢之的。不過為了交換假釋，他寧願「兩害相權取其輕」而選擇自己單獨去見諮商員。

做初次面談的只有父親一人，他建議諮商員至少見他的全家人一次，接著再決定如何進行下去。

思考的問題

1. 對於上述資料，你最初的反應是什麼？本個案中的哪些主題最能吸引你？為什麼？

2. 如果全家一起來做初始面談，你會如何進行？哪些課題你會提出來討論？

3. 克林似乎非常開放，如果他是你的當事人，你會如何與他建立起關係？

4. 如果你認為克林全家應一起來接受一次或一次以上的治療，那麼你可能會如何安排讓他們進你問診室的方式？假設所有的家人都同意出席一次，那麼你會把重點擺在那裡，以及你最希望獲得怎樣的成果？

5. 克林一家以系統來看的主要動力（dynamics）為何？這個家庭的氣氛似乎是何種模樣？

6. 在這個案例中，你是否看到自己的任何影子？你是否覺得案例中的某個家族成員很像你？你認為這種相似性或不相似性會如何協助或阻礙你的輔導工作？

7. 試說明你會如何輔導這個家庭，並討論你認為可能會遭遇到的問題。試說明你會如何處理這些問題。

綜合測驗

是非題

T F　1.包文的多世代取向強調技術勝過強調理論。

T F　2.根據包文的說法,未能與原生長家庭區隔開來的人們往往
　　　會與他們能融合 (fused) 的對象結婚。

T F　3.經驗取向會以專家的身份下達指令,目的在於改變功能不
　　　良的互動型態。

T F　4.菲鐵克的風格著重在他自己的自發性反應與狂熱,以此方
　　　式去發掘家族視為秘密等素材。

T F　5.沙特的聯合取向著重於探索家族中的良性與不良等溝通型
　　　態。

T F　6.密努擎的結構取向所根據的看法是,從家族中的人際互動
　　　型態最能瞭解個體的症狀,以及個體的問題症狀在獲得解
　　　決之前,家族的結構必須先出現改變。

T F　7.解法導向治療法不同於策略取向與傳統治療模式的地方在
　　　於,它避開過去而把焦點偏重在未來。

T F　8.策略取向的理論基礎是溝通理論。

T F　9.策略取向的主要治療目標在於,藉著焦注在行為的陸續結
　　　果上去解決目前的問題。

T F　10.社會建構主義取向著重在解法導向治療法、協同合作、意
　　　義、及潛能的強化。

_____11.下列何人最有反理論傾向？

　　　　a.密努擎。

　　　　b.菲鐵克。

　　　　c.包文。

　　　　d.沙特。

　　　　e.哈雷。

_____12.下列何種取向最常採用協同治療者的作法？

　　　　a.多世代取向。

　　　　b.聯合取向。

　　　　c.結構取向。

　　　　d.策略取向。

　　　　e.經驗取向。

_____13.下列何者是社會建構主義的志趣之所在？

　　　　a.協助當事人更加瞭解客觀的事實真相。

　　　　b.採取欲擒故縱技術。

　　　　c.使用世代圖去教導家族成員瞭解衝突的源由。

　　　　d.在個體的生活中製造新的意義。

　　　　e.瞭解特殊問題的根源。

_____14.自我的區隔化是下列何種理論取向的礎石？

　　　　a.多世代取向。

　　　　b.聯合取向。

　　　　c.社會建構主義取向。

　　　　d.策略取向。

　　　　e.經驗取向。

_____15.社會建構主義取向的治療者最可能扮演下列何種角色？

      a.指導者。

      b.主動的促進者。

      c.操縱者。

      d.教練。

      e.專家。

_____16.何種邊界會導致脫離狀態？

      a.清楚的。

      b.擴散的。

      c.僵硬的。

      d.有彈性的。

      e.萎縮的。

_____17.下列何種技術對於問題情況會產生新的解釋？

      a.重組。

      b.家族圖示。

      c.再建構。

      d.架新框。

      e.融入。

_____18.指令與欲擒故縱法，最可能在下列何種取向中使用？

      a.多世代取向。

      b.聯合取向。

      c.社會建構主義取向。

      d.策略取向。

      e.經驗取向。

_____19.家族治療法的治療者，最常扮演下列何種角色？

a. 教師。

b. 示範楷模。

c. 教練。

d. 顧問。

e. 以上皆是。

_____20. 下列何種技術是策略取向最不可能使用的技術？

a. 對一項問題詢問可能的解決辦法。

b. 指令。

c. 家族雕塑。

d. 架新框。

e. 欲擒故縱法。

_____21. 下列何種角色與功能，最適合用來描述結構取向的治療者？

a. 以領導的姿態融入受輔導的家族中。

b. 說出治療者自己的衝動與幻想。

c. 圖示說明家族的基本結構。

d. 設計干預措施去扭轉家族的不良結構。

e. 擔任舞台導演。

_____22. 下列敘述何者與經驗取向最無關聯？

a. 治療者與家族共處於互動的歷程中。

b. 著重在此時此地。

c. 技術的使用是依治療者在治療時的自發性反應。

d. 強調家族成員的主觀需求。

e. 規劃策略去解決每個家族成員的問題，是治療者的任務。

_____23. 家族關係中的三角觀念最能用下列何種因素來解釋？

a.消除關係中的焦慮與情緒緊張。

b.導致脫離狀態的一種方法。

c.導致陷網狀態的一種方法。

d.一項發展親密關係的企圖。

e.尋求關係中的眞誠性。

_____24.下列何種取向強調須返回原生長家庭去消弭自己涉入的三
角關係？

a.多世代取向。

b.聯合取向。

c.結構取向。

d.策略取向。

e.經驗取向。

_____25.下列何者「不是」沙特所稱，人們爲因應壓力而採取的防衛
作法？

a.安撫。

b.責備。

c.區隔化。

d.超理性。

e.表現不相干的行爲。

第三篇　整合與應用

13　治療技術的整合

本章裡大部份的練習，在設計上是為了協助讀者對各種治療取向做些比較，並探討一些整合各取向的基礎，鼓勵讀者去思考自己喜歡或不喜歡各種取向的哪些方面，以及提供將特定治療法應用在不同當事人族群身上時的一些實務體驗。

治療取向在特定當事人族群或特定問題上的應用

為了做為複習的基礎及協助讀者比較與整合各治療取向，我（指作者）在此列了一些特定的當事人、問題、及情況。試著決定在各案例中，你會喜歡使用何種取向。應指出的是，對於這些案例並沒有所謂「正確的治療取向」，而只是要你去選定一種取向，並說明你做此選擇的理由。對某些案例而言，你也許會選用一種以上的取向，並可能採取多種技術。請記住，這些練習的目的在於刺激讀者去思考如何將你所研讀的理論應用到特定的個案中。因此，焦點應放在各種治療取向應用到這些個案時的優點上。

1. 羅杰，三十三歲，受到相當大的壓抑（inhibited），最後終於因害怕與人說話或出現在眾人面前使他如此痛苦而尋求諮商協助。羅杰在表達意思時以非語文行為為主，口語的傳達既不通暢也不充分。他很顯然希望在克服其嚴重的抑制作用方面能獲得指引與協助。在初次面談時，他顯得非常不安，特別是在要他說話時，會引起很大的緊張。

   a. 對於上述案例，你可能會選用何種取向？ _____

b.你的理由是什麼？ _____

_____

c.在該取向中，你認為使用哪些技術最恰當？為什麼？ _____

_____

_____

2. 吉姆是個四十歲的工程師，說他參加過許多會心團體，也從中接受過許多治療。他說：「儘管這種團體塞了不少東西給我，但我似乎仍停留在洞察的層次。我懂了許多從前不懂的東西，也更加瞭解為什麼自己會是這個樣子，但是我似乎還無法應用我所知道的在生活中產生改變。我仍然受到舊習的困擾，至今也無多大能力去解決。」

a.對於上述案例，你可能會選用何種取向？ _____

_____

b.你的理由是什麼？ _____

_____

c.在該取向中，你認為使用哪些技術最恰當？為什麼？ _____

_____

_____

3. 這一群當事人都是毒癮患者，目前在聯邦勒戒中心。中心的主任喜歡這些當事人有時候接受個體諮商，其它時間則接受小團體的團體諮商。她的績效曾獲得表揚，理由是她的輔導計畫除了教導當事人學習人際技巧外，也使得當事人在戒除毒癮之後能提高自尊。

a.對於上述案例，你可能會選用何種取向？ _____

_____

b.你的理由是什麼？ _____

_____

c.在該取向中，你認為使用哪些技術最恰當？為什麼？ _____

_____

_____

4.潘妮在應付壓力與學校的要求方面有很大的困難。她害怕許多事
情，包括考試考不好、同學不喜歡她、及被同學視為「怪異份子」
等等。她有頭痛與身體僵硬等毛病。她說她希望能夠過「正常的
生活」及能夠應付學校的一切。她擔心如果未能克服這些壓力，
她恐怕會「瘋掉」。

a.對於上述案例，你可能會選用何種取向？ _____

_____

b.你的理由是什麼？ _____

_____

c.在該取向中，你認為使用哪些技術最恰當？為什麼？ _____

_____

_____

5.黛安娜與史考特是一對夫婦，前來尋求婚姻諮商。史考特不是那
麼想來，不過他樂於嚐試一下。基本上，他覺得生活很好，婚姻
也美滿，小孩子也沒有什麼大問題。總之，他喜歡他的生活，除
了他希望妻子能夠更平和一點，不要一直纏住他。黛安娜對生活
的感受則相當沮喪，因為小孩不欣賞她，丈夫更別說了。她覺得
在家裡她同時要扮演父親與母親兩項角色，必須做所有的決定，
以及丈夫都不聽她說話。她希望丈夫能多聽聽她的心聲。

a.對於上述案例，你可能會選用何種取向？ _____

b.你的理由是什麼？ _____

_____

c.在該取向中，你認為使用哪些技術最恰當？為什麼？ _____

_____

_____

6.珍妮現在返回大學就讀，而她小孩都已經上高中。她說：「我覺
得好像不再知道自己是誰了。有時候我清楚自己的目標，但大部
份的時候則感到困惑（及驚慌）。我喜歡上大學及為自己做某些事
情，但同時會有罪惡感。我問我自己到底想證明什麼。最常出現
的感覺是，享受大學生活及只為自己去做這些事情是不對的。」
a.對於上述案例，你可能會選用何種取向？ _____

_____

b.你的理由是什麼？ _____

_____

c.在該取向中，你認為使用哪些技術最恰當？為什麼？ _____

_____

_____

7.現在的場景是州立醫院，該院專門治療精神異常的性侵犯者。其
中有一區是男性患者（大部份是強暴犯與其他暴力型患者），而負
責治療計畫的主管希望他們接受某形式的團體治療。對於這些患
者，她說：「他們口語的表達能力非常好，大部份的人也都相當
聰明。診斷上，他們具有『社會病態人格』(sociopathic personal-
ities)，這意味著他們通常會抗拒治療，反對治療者，並且會學習
講正確的話而大玩遊戲──使他們能獲得良好的評估報告，進而

獲釋。對於他們的犯行，他們不會感到很後悔或產生罪惡感。」
她希望在進行團體諮商時，能引導這些人正視其犯行，並能瞭解
自己在處理緊張與衝動方面的表現是如何差勁。她希望他們能學
習到一些更具建設性的方法，俾能處理未來的感受。

a.對於上述案例，你可能會選用何種取向？ ＿＿＿＿＿＿＿

＿＿＿＿＿＿＿＿＿＿＿＿＿＿＿＿＿＿＿＿＿＿＿＿＿＿＿＿

b.你的理由是什麼？ ＿＿＿＿＿＿＿＿＿＿＿＿＿＿＿＿＿

＿＿＿＿＿＿＿＿＿＿＿＿＿＿＿＿＿＿＿＿＿＿＿＿＿＿＿＿

c.在該取向中，你認為使用哪些技術最恰當？為什麼？ ＿＿＿

＿＿＿＿＿＿＿＿＿＿＿＿＿＿＿＿＿＿＿＿＿＿＿＿＿＿＿＿

＿＿＿＿＿＿＿＿＿＿＿＿＿＿＿＿＿＿＿＿＿＿＿＿＿＿＿＿

8.當事人伊伊特別希望能處理她的夢境。她說這些夢一再出現並且
強而有力。她希望知道這些夢正對她說些什麼。

a.對於上述案例，你可能會選用何種取向？ ＿＿＿＿＿＿＿

＿＿＿＿＿＿＿＿＿＿＿＿＿＿＿＿＿＿＿＿＿＿＿＿＿＿＿＿

b.你的理由是什麼？ ＿＿＿＿＿＿＿＿＿＿＿＿＿＿＿＿＿

＿＿＿＿＿＿＿＿＿＿＿＿＿＿＿＿＿＿＿＿＿＿＿＿＿＿＿＿

c.在該取向中，你認為使用哪些技術最恰當？為什麼？ ＿＿＿

＿＿＿＿＿＿＿＿＿＿＿＿＿＿＿＿＿＿＿＿＿＿＿＿＿＿＿＿

＿＿＿＿＿＿＿＿＿＿＿＿＿＿＿＿＿＿＿＿＿＿＿＿＿＿＿＿

9.瓊安前來尋求危機諮商。這位年輕女士抱怨患有慢性憂鬱症，並
且自殺的想法與衝動會一再地驚嚇她。幾年前她曾自殺過，並被
送到精神病院療養一陣子。她害怕「舊事重演」，因為她不知道該
如何克服憂鬱的侵襲。

a.對於上述案例，你可能會選用何種取向？ ＿＿＿＿＿＿＿

b.你的理由是什麼？ _____

_____

c.在該取向中，你認為使用哪些技術最恰當？為什麼？ _____

_____

_____

10.蘇陳述她的問題在於追求完美的傾向。她說她把自己逼得太緊，
緊得使自己幾乎快要生病了。她說：「我所做的每一件事情都不
曾讓我滿意。不論做什麼，我都會一再地告訴自己這還未達到標
準，我應該做得更好。大部份的時間裡，我不曾享受過什麼，而
只是覺得窩囊與罪惡。我要如何做才能接納自己而不必如此自責
呢？」
a.對於上述案例，你可能會選用何種取向？ _____

_____

b.你的理由是什麼？ _____

_____

c.在該取向中，你認為使用哪些技術最恰當？為什麼？ _____

_____

_____

11.泰德是個肥胖但具吸引力的年輕男子，說他在減肥方面希望能獲
得協助。不論他如何多次努力，最後總是無法堅持節食與運動計
畫。泰德說他樂於再接受一次諮商治療。
a.對於上述案例，你可能會選用何種取向？ _____

_____

b.你的理由是什麼？ _____

c.在該取向中，你認為使用哪些技術最恰當？為什麼？＿＿＿＿＿

＿＿＿＿＿＿＿＿＿＿＿＿＿＿＿＿＿＿＿＿＿＿＿＿＿＿＿＿＿＿＿

12.提姆是個七歲大的小男孩，因害怕坐汽車而被父母送來治療。在他六歲時，曾遭遇過一次嚴重的汽車事故，從此對汽車產生恐懼感，甚至靠近汽車都會害怕。

a.對於上述案例，你可能會選用何種取向？＿＿＿＿＿＿＿＿＿＿＿＿

＿＿＿＿＿＿＿＿＿＿＿＿＿＿＿＿＿＿＿＿＿＿＿＿＿＿＿＿＿＿＿

b.你的理由是什麼？＿＿＿＿＿＿＿＿＿＿＿＿＿＿＿＿＿＿＿＿＿＿

＿＿＿＿＿＿＿＿＿＿＿＿＿＿＿＿＿＿＿＿＿＿＿＿＿＿＿＿＿＿＿

c.在該取向中，你認為使用哪些技術最恰當？為什麼？＿＿＿＿＿

＿＿＿＿＿＿＿＿＿＿＿＿＿＿＿＿＿＿＿＿＿＿＿＿＿＿＿＿＿＿＿

13.這一群當事人是精神病院裡的老人，他們大多衰老而且無能力彼此互動。他們典型的感受是被人遺棄、憂鬱、以及覺得人生已經沒有什麼意義。負責治療計畫的主任希望他們接受某種形式的團體諮商，促使他們能夠學習彼此互動，及鼓勵他們談論自己的感受與經驗。

a.對於上述案例，你可能會選用何種取向？＿＿＿＿＿＿＿＿＿＿＿

＿＿＿＿＿＿＿＿＿＿＿＿＿＿＿＿＿＿＿＿＿＿＿＿＿＿＿＿＿＿＿

b.你的理由是什麼？＿＿＿＿＿＿＿＿＿＿＿＿＿＿＿＿＿＿＿＿＿＿

＿＿＿＿＿＿＿＿＿＿＿＿＿＿＿＿＿＿＿＿＿＿＿＿＿＿＿＿＿＿＿

c.在該取向中，你認為使用哪些技術最恰當？為什麼？＿＿＿＿＿

＿＿＿＿＿＿＿＿＿＿＿＿＿＿＿＿＿＿＿＿＿＿＿＿＿＿＿＿＿＿＿

14.赫伯前來尋求諮商，為了解決他對於離婚後的感受。他覺得離婚
　是他的錯，並認定如果當時自己有所不同的話，妻子不會離他而
　去。他不斷地悲悼妻子離去的事實。他感到萬念俱灰，無力振作
　起來，一心只希望妻子能夠回來。
　a.對於上述案例，你可能會選用何種取向？＿＿＿＿＿＿＿＿＿

　b.你的理由是什麼？＿＿＿＿＿＿＿＿＿＿＿＿＿＿＿＿＿＿＿

　c.在該取向中，你認為使用哪些技術最恰當？為什麼？＿＿＿＿＿

15.傑克是個中年人，為了處理他的忿怒而前來尋求諮商協助。只要
　他稍作回憶，他就會感受到一股對某個人的忿怒：包括對他的母
　親、妻子、小孩、上司、及少數幾個朋友。他說他對於他的忿怒
　與他可能做出什麼瘋狂的舉動感到震驚，因此他把這些怒意壓抑
　下來。他說，當他小的時候，大人總是教導他生氣是一種不好的
　情緒，而且當然不應該顯露出來。傑克同時察覺到他害怕接近別
　人，並且希望能探索他對親密關係的恐懼及對忿怒的恐懼。
　a.對於上述案例，你可能會選用何種取向？＿＿＿＿＿＿＿＿＿

　b.你的理由是什麼？＿＿＿＿＿＿＿＿＿＿＿＿＿＿＿＿＿＿＿

　c.在該取向中，你認為使用哪些技術最恰當？為什麼？＿＿＿＿＿

以上的練習作業是小組討論的絕佳素材。在討論中除了能比較與討論彼此的選擇之外，我的學生們還發現在這些討論小組裡若能配合角色扮演，還能得到一些實務經驗。進行時可以由一位同學擔任某已知的當事人，另一位同學擔任諮商員並使用某特殊技術，進行約十分鐘之後，接著由他組員對「諮商員」的表現說出自己的意見，然後再由另一位同學以不同的治療取向去輔導那位當事人。這種演練與討論的混合通常會產生非常好的學習效果。

問題與議題：培養個人諮商風格之指南

　　在複習心理治療之各種取向時，試著以下面的問題去思考各理論。此外，對於下面問題中所蘊涵的議題，試著比較自己的想法與各理論在塑造你個人的諮商風格時所能提供的參考架構。

1. 你是否因為某理論吻合你自己的生活風格、經驗、及價值觀而偏向某特殊的理論？你的理論肯定了你的看法，或挑戰你去思考諮商歷程？

2. 各個理論的哪些面最吸引你？為什麼？

3. 各個理論的哪些面最不吸引你？為什麼？

4. 各個理論挑戰你原有的參考架構至何種程度？

5. 各個理論顧及文化、性別、生活風格、及社會經濟地位的差異性之情形如何？當用於輔導文化背景不同的當事人時，各理論的效度如何？

6. 各理論對多元文化諮商的涵義是什麼？你能想出有任何種族或文

化族群在各治療取向中會產生不適感？

7. 你在使用某特殊取向的技術與方法時是否有彈性，特別是輔導不同文化背景的當事人時？你是依當事人的需求去選取技術，或讓當事人來適應你的技術？

8. 你對某特殊理論的接納或抗拒是由於自己的偏見至何種程度？

9. 試討論各理論目前受歡迎的情形，並說明它們受歡迎或不受歡迎的理由。討論時請環繞著效度、費用、服務的族群、治療時間等因素。

10. 何種理論最符合你對於諮商與心理治療的看法？何種理論最不符合呢？

11. 各個理論的哪些部份你最想整合到你的實務中？各種理論的哪些部份你最不想整合到你的實務中？

12. 各個理論底下的哲學假設是什麼？各個理論取向對人性的看法如何反映在治療目標上？反映在治療關係上？及反映在技術與程序上？

13. 各個理論的特色是什麼？核心焦點是什麼？以及獨特的貢獻是什麼？

14. 各個理論在理論上的觀念、治療歷程、及將技術應用到不同的場合上各有哪些限制？在諸如治療時間、所需的訓練水準、應用在特殊族群身上時特別有效或無效、治療場合的適當或不適當、以及費用等等其它實際因素方面各有哪些限制？當應用在多元文化諮商上又各有哪些限制？

15. 這些治療取向有哪些共通的地方？是否大多數的取向對於治療目標、治療歷程、及技術的使用都有一些彼此同意的交集區？

16. 哪些取向能夠組合起來產生一種更寬廣、更深層、及更有用的治

療歷程？例如，將完形治療法與溝通分析混合起來會產生哪些可能的益處？或將存在治療法的基本哲學觀與完形治療法的技術混合起來會產生哪些可能的益處？或溝通分析與理情行為治療法？或理情行為治療法與現實治療法？

17.各治療取向之間有哪些主要的差別？例如精神分析與行為治療法之間有哪些大的差別？精神分析與存在治療法及行為治療法這三者之間？個人中心治療法與理情行為治療法之間？精神分析與理情行為治療法之間？現實治療法與個人中心治療法之間？等等。

18.在決定諮商與心理治療的「療效」上，各取向各有哪些評判的準則？這些準則明確具體的程度各如何？它們能客觀地測量或觀察嗎？

19.大多數的取向都強調當事人與治療者之間的關係是決定治療成果的重要因素，各取向對於治療關係的特性與重要性各有何看法？「良好的治療關係」之構成因素是什麼？

20.各取向分別強調何項時間向度：是過去？或現在？或未來？焦注在此時此地的治療者如何去說明當事人的過去與未來？

21.對於當事人與治療者在責任上的劃分，各取向各持何種看法？當事人的行為在治療回合中與治療回合外受到控制各至何種程度？又治療結構係由治療者提供至何種程度？

22.實務上秉持單一取向與秉持較折衷的取向（指整合多種取向）各有哪些優缺點？

23.對於以下的基本議題，各取向的立場各如何？

    a.闡釋解析的重要性。

    b.診斷是必要的或有害的。

    c.認知面與感受面的平衡。

d.移情與反移情現象。

e.洞察的角色。

f.治療朝向洞察或行動導向。

g.視治療為教導與再教育歷程的程度。

h.事實真相方面的議題。

24.針對每個治療模式，假設你是遵循該取向的實務工作者，則你會如何輔導當事人？你的功能是什麼？對於目標與治療程度，你會焦注在何處？

25.針對每項治療取向，假設你是當事人，試思考一下你的目標、角色、與體驗各會是什麼？對於各取向的一些技術，你的反應會如何？

建議活動與練習：培養自己的諮商哲學觀

在課程開始時，我依照慣例會要求學生寫出自己的生活哲學觀與對諮商的哲學觀。在那個時候，他們對諮商的看法與價值觀顯得相當模糊。本練習可以協助他們對於諮商實務的基本態度及各項議題有一較清楚的焦點，同時通常會導入較深層的思考。此外，從本練習所衍生出來的素材也可以做為課堂上討論之用。

在課程的最後幾週，我會再要求學生「重新修改」他們先前所寫的哲學觀。我並且會要求他們把所學的各種理論和自己對諮商的基本價值觀做一整合。將上述課程初期與末期所寫的兩份報告加以比較，可以產生非常好的摘要與整合素材，除了充做課程的結論之外，也讓學生們瞭解自己從課程中學到了什麼？

我建議讀者把自己的諮商哲學觀寫下來，或至少針對各項主要議題寫下詳細的綱要。以下所提供的是撰寫時的指南。

1. 你對人性的看法是什麼？你對此的看法對你的諮商哲學觀有何重要性？哪些因素足以說明行為的改變？

2. 你對諮商的定義是什麼？你如何向當事人說明諮商的意義？

3. 你認為諮商的適當目標是什麼？不適當的目標是什麼？

4. 諮商員最重要的功能是什麼？身為諮商員，你如何定義自己的角色？

5. 你認為當事人與治療者之間有效的關係之基本特徵是什麼？此一關係對於產生改變有多重要？

6. 治療者的效能由哪些因素構成？平庸的治療者與卓越的治療者之間有哪些決定因素？

7. 你生活上的主要價值觀是什麼？這些價值觀如何形成？那些核心價值觀可能會如何影響你的諮商員工作？

8. 文化變數如何影響諮商歷程？你對於自己的文化價值觀有多清楚？又這些價值觀可能會如何影響你的諮商工作？

9. 關於諮商實務中你有哪些種族因素方面的顧慮？你會如何解決在這方面碰到的兩難局面？

10. 什麼使你在生活中產生意義與意圖的感覺？你的生活意義性跟你必須幫助別人之間有如何的潛在關聯性？

11. 你為什麼會選擇諮商員這種工作？對你個人而言別具意義嗎？在「幫助別人」的過程中，你滿足了哪些自己的需求？

12. 你在生活中的所做所為，你希望當事人他能倣傚至何種程度？你在生活中的哪些行為表現能使你帶動當事人的改變？

13. 何項諮商理論對當事人的看法跟你的看法最接近？該理論的哪些

部份最吸引你，爲什麼？你認爲你自己的諮商理論會如何影響你輔導當事人的方式？

14. 你自己的哪些人生經驗有助於你有效地輔導範圍廣大的當事人？在你的人生中曾遭遇過哪些掙扎或危機，又你是如何去解決的？你跟那些文化價值觀與你不同的人們曾有過哪些相處的經驗？

15. 你能想出自己人生經驗的哪些限制可能會妨礙你去瞭解某些當事人及與他們相處的能力？例如，你是否能察覺出你對於不同種族與文化族群的任何偏見可能會干擾你的客觀性？或關於性別角色，包括男人與女人各應表現哪些「適當」的行爲，你是否操持著嚴格的看法？你如何才能克服你個人的一些限制，使你能有效地輔導廣大範圍的當事人？

思考與討論的問題

1. 折衷主義有逐漸興盛的趨勢，你認爲這股趨勢有何意義，其優缺點各爲何？

2. 如果在工作面談中你被問及你的理論取向，你會說些什麼？在敍述時要將你的偏好融進你的意思中（例如，如果你說，「我是折衷派」，則應清楚地指出哪些理論觀念引導你去採用你所標舉的技術。）

3. 對於所研讀過的九種取向之主要觀念，你如何將這些觀念按思考、感受、與行爲這三大項來做一分類？

4. 再一次的，假設在工作面談中你被問及對治療目標的看法。你能夠以哪些方式將九種取向的治療目標在思考、感受、及行爲這三

大項下做一對照？

5.你對於治療者的角色與功能有哪些看法？在面談中，你如何整合幾項理論取向的觀點來回答上述的問題？

6.當事人與治療者之間的關係對於治療結果有多重要？詳細地說，你想你會如何去創造你認為理想的治療關係？

7.假設你仍然處於應徵工作的面談情境中。主考官對你說這個機構的當事人來自不同的社會經濟與文化背景。試說明採取何種治療取向可能最能幫助你去輔導這些多元文化的族群。

8.九種諮商理論中何者所提供的參考架構最能用來瞭解你自己？這些理論當中的哪些基本想法對你而言特別有用？

9.所有治療取向有哪些共通處？

10.相對於採取整合的觀點，在單一理論的架構下運作有哪些優點？固守單一理論又有哪些缺點？

14 個案示範──以整合取向輔導史天恩

思考與討論的問題

1. 當你預期將與史天恩進行第一次治療時,你可能會有哪些想法與感受?從閱讀各種治療取向應用在他的案例上而對他有所瞭解之後,當你開始輔導他時會著重在哪些焦點上?

    a. 你會倚賴哪些治療取向來協助他擬訂治療目標進而引導治療的進行?

    b. 在擬訂治療目標上你會要求史天恩參與至何種程度?

    c. 在輔導史天恩時你會尋求哪些背景資料?你會依賴哪些取向來評鑑史天恩目前的運作功能?

2. 試說明你可能會從各種不同的理論中組合哪些觀念來做為輔導史天恩的基礎。如果你將與他會面6至12次,試說明你會如何進行輔導工作。在這當中,試著整合適合你個人風格的技術與觀念,並指出你如何在選取的幾種取向中取得平衡。

3. 試敘述在輔導史天恩時,你可能會如何注意思考、感受、及行動等因素。你會如何安排你的療程,一方面能鼓勵史天恩探索其感受,開發其洞察,將他的問題納入認知面,另一方面又能採取行動去執行他所希望的改變?

4. 在對於史天恩的案例形成概念並思考治療計畫(或取向)時,試著探討下列問題:

    a. 你認為史天恩需要多大程度的指導?在建構療程的結構性時,你認為自己應負多大的責任?

    b. 你會焦注在他生活中的哪些主題上?

c.你傾向短期或長期治療？為什麼？

d.你可能會進行重整其人格的傾向有多大？進行培養其特定技能與解決問題能力的傾向又有多大？

e.你操持的價值觀當中，有多少與史天恩相似？你認為這種相似性會干擾或促進治療歷程？

f.假設史天恩是屬於不同種族的弱勢族群當事人，試思考你會如何修改你的技術。有哪些課題你會想要跟史天恩一起探討，如果他是非裔美國人？印地安裔美國人？或亞裔美國人？

g.你認為史天恩案例中，涉及哪些道德上的課題？

h.你可能會建議史天恩在治療外進行哪些活動，例如指派家庭作業、要求他閱讀或進行生活記錄等等？

i.在輔導史天恩時，你對於他「過去的經驗」會有多大的興趣？你會如何處理他幼年時期的一些問題？你對於他「目前的運作功能」會有多大的興趣？你會關切他「未來」的努力與抱負嗎？你可能會如何處理他的期望？

j.你可能會想要焦注在他的「思考」歷程與信念系統（認知構面）上嗎？與經歷有關的「感受」上（情緒構面）？他的能力與意願去「做」某些不一樣的事及「採取行動」上（行為構面）？你認為那一項構面會是治療的焦點？為什麼？

5.對於中止治療方面，試說明你可能會使用哪些準則來決定適當的時間點？請考量下列的議題：

a.你會主動建議中止治療？或等他把問題提出來？

b.試考慮各種不同的治療取向。何時應準備中止治療？不同的治療取向對中止的時間點各有哪些不同的標準？

c.如果你認為他可以中止治療了，而他不這麼認為時，你可能會

怎麼做？如果他想中止治療，但你認為他應該做更多的探討，只是他想逃避，對於繼續治療下去感到莫名的恐慌時，你可能會怎麼做？

d.對於如何評估整個治療結果，你有哪些想法？你可能會如何評鑑他的改變？你會如何測量你們一起工作的結果？

額外的個案演練

試說明對於以下的個案，你會如何採取一種整合的取向而進行你的輔導工作。這些個案在設計上是為了提供讀者在應用來自不同取向的觀念與技術至特定情況上，能有一些額外的練習機會。我建議大家將我所提供的素材僅做為一個起點，你們接著可以針對各個個案做更深入的探討，進而創造出更多額外的資料。下列的問題對於每個個案的探討是有益處的。

1.各個個案各有哪些種族與道德上的課題？對於各項課題，你的評鑑是什麼？在各個個案裡，有哪些價值觀方面的課題？你的價值觀可能會如何影響你所採取的干預措施？

2.對於各個個案，你認為何種治療取向會最有幫助？哪些特定的觀念會有用？你可能會採用哪些技術與程序？

3.對於各個個案的核心問題，你的評鑑是什麼？試說明你會如何進行你的輔導工作，並說明你採取的干預措施背後的理由。

4.在每個個案裡，對於種族、文化價值觀、社會經濟地位、宗教價值觀、性愛導向、生活風格特徵、及性別角色的期望等因素的差異，你會有哪些特別的顧慮？

1.被妻子背叛的牧師

漢特先生是個非裔美國人，也是浸信教會裡的牧師，年近四十歲，跟妻小住在北卡羅來納州的一個小鎮。大約一個月前，妻子告知他說她跟別的男人有染已經超過一年，並希望能跟他離婚。一開始漢特受到的打擊太大了，他抗拒接受這項殘酷的事實，認為自己一定做了一場可怕的夢。當他終於明白這是事實時，開始有一連串的情緒反應。他於是尋求諮商，因為他說他無法處理他的感受，並且無法振作起來渡過正常的一天。在諮商中，他告訴你：

在所有那些尊敬我的人們面前，我感到非常羞恥。隨著這件事情的爆發，我真的不知道如何能夠在這個小鎮擔任牧師下去。我很難瞭解為什麼這種事會發生在我身上，因為我一直盡力做一個最好的丈夫與父親。我知道我對工作是熱誠了一點，但是那些都是在這個教區裡必須要做的工作。我真的很難理解她為什麼要對我做出這種事。儘管我努力想把這種狂亂的事情趕出腦海，但是怎麼努力都做不到。在整個白天裡，甚至在夜晚的大部份時間裡，我都一直在反覆回想她對我說的話。即使身為虔誠的教徒，我還是不知道接著該怎麼辦。

2.一位面對父母有困難的女同性戀者

吉兒之所以尋求諮商，是因為她強烈覺得她必須把她的性愛傾向與生活方式告訴父母。她的父母是極虔誠的教徒，無法容忍同性戀行為。在她大部份的生活裡，她一直掙扎於隱藏她對其他女性的感情。她告訴你，為了不讓她被父母逐出家門，她是痛苦地生活在

謊言中。不管如何,她說從青少年時期以來,她就強烈地感受到自己是個女同性戀者,一直到大一大二自己才肯定這項事實。接著她繼續深造,並獲得社會工作方面的碩士學位。她與女密友已維持相當長的時間,倆人並打算領養一個小孩。如果這麼做,必然遮掩不了同性戀的事實。雖然她請教過別人,最後還是跑來尋求你的諮商協助,因為她想澄清她的優先事物之順序,並對於冒險將實情告知父母這件事想做某些重要決定。她希望父母能肯定與接納她,然而她發現如果父母因此而無法接納她,她對他們會產生恨意。

3.一位殘廢而想尋求生命意義的男子

赫伯砍樹時被一棵大樹壓到,造成脊椎骨重傷。在意外事件發生後的一段時間裡,他一直自問,「為什麼這種倒楣事會發生在我身上?」在半身不遂的頭兩年裡,他常常想到自殺。過去他非常活躍,現在則餘生都將被禁錮在輪椅上,他認為這已超乎他所能忍受的極限。至今受傷事件已過了五年,他說他現在對生活的展望比過去好多了,不過仍然逃脫不了消沈,並懷疑人生的意義,特別是在想到他過去所熱愛的體育活動如今再也不能從事時。一位好友鼓勵赫伯接受諮商治療,一方面處理他的不滿,一方面協助他在生活中找到新的方向。他告訴你,他真的很希望能找到一條途徑,再度重燃他繼續活下去的意志,並且說每當想到殘廢朋友也能有重大成就時,他就會獲得一股鼓舞的力量。他說:「如果他們能克服困厄,也許我也同樣能夠做到。我現在是受到了挫折,就好像被艱鉅的工作陷在泥濘中。我是多麼希望能夠從諮商中獲得激勵的力量,讓我有動機振作起來。」

4.掙扎於文化背景的女子

王博士是來自中國家庭的第二代。她告訴你,即使她自出生至今都生活在美國,她的中國根仍然很深,並且對於她究竟是中國人或美國人有著許多心理衝突。有時候她覺得自己什麼都不是。王博士在工作上有卓越的表現,是個身居要職的小兒科醫師。她覺得自己嫁給了工作,工作對她而言是生活中她做得最好的事情。她不曾花時間在建立親密關係上,並且深深感到生活似乎「遺漏」了什麼。為了追求卓越成就及不讓家人失望,她總是感受到極大的壓力。她覺得自己彷彿在跟她的哥哥們競賽,父母親也總是拿她跟哥哥們比較。不論她如何努力或獲得什麼成就,總是覺得「不夠」。在某種混雜的心情下,她前來尋求諮商協助,因為她希望能有「踏實」的感受。雖然她以她的工作為榮,但是也希望學習找出一些時間來為自己而活。她同時希望能跟一位男士培養出親密關係。然而,每當她不從事工作時,她就會產生罪惡感。

5.一位悲悼愛妻的老先生

七十四歲的伊文自從妻子跟肺癌搏鬥一段長時間而逝世以來,就一直有全然的失落感。養老院的工作人員鼓勵他接受諮商,以克服他那些哀傷的情緒。在愛妻生病期間,養老院裡的互助團體對他們夫婦有很大的幫助。然而,妻子去世之後,參加上述團體的活動讓他覺得是個陌生人。他告訴你:

百分之九十的團體成員都是寡婦,並且我一直希望去世的人是我而不是愛曼娜。即使她去世已經超過一年了,我依然有很深的失

落感，而且度日如年。我是如此寂寞，想念她是如此之深。他們說思念可以打發時間，但是我並沒有因此而好過一點。所有的事物似乎都不再具有意義，而且沒有她在我的生活裡，我找不到使我想做事情。我的朋友不多，愛曼娜是我唯一的朋友。現在她走了，我不認為有何種方法可以彌補她所留下來的巨大缺口。

他希望能克服他那些遺憾的感受，也就是在愛曼娜生前他有那些話沒有對她說，那些事沒有為她做。同時也希望能夠解決她去世但他還活著而產生的罪惡感。

附錄：綜合測驗答案

題號	第四章 精神分析治療法	第五章 阿德勒學派治療法	第六章 存在主義治療法	第七章 個人中心治療法	第八章 完形治療法	第九章 現實治療法	第十章 行為治療法	第十一章 認知行為治療法	第十二章 家族系統治療法
1.	F	T	F	F	T	T	F	F	F
2.	T	T	T	F	T	T	T	T	F
3.	T	F	T	T	F	F	T	F	F
4.	F	F	F	F	F	F	T	T	T
5.	T	T	T	F	T	F	T	F	T
6.	F	F	F	F	F	F	F	F	T
7.	F	F	T	T	T	T	T	F	T
8.	F	T	F	F	F	T	F	T	T
9.	T	T	F	F	F	T	T	T	T
10.	T	F	T	T	T	T	F	T	T
11.	D	D	E	E	E	E	B	C	B
12.	B	B	D	B	E	B	A	C	E
13.	C	B	C	E	B	D	B	A	D
14.	B	D	B	A	A	B	A	D	A
15.	C	E	A	E	A	E	B	A	B
16.	C	C	D	D	D	B	B	D	C
17.	A	D	A	D	D	B	B	B	D
18.	B	B	E	D	E	B	B	C	D
19.	C	B	D	D	C	B	D	E	E

20.	C	D	C	E	D	E	E	C	C
21.	C	B	B	D	E	D	D	C	B
22.	C	E	B	B	C	A	B	B	E
23.	B	A	C	E	A	B	A	E	A
24.	E	E	B	E	D	D	C	D	A
25.	A	C	D	B	E	C	D	B	C

心理學叢書 3

諮商與心理治療的理論與實務-學習手冊

著　　者☞Gerald Corey

譯　　者☞李茂興

出 版 者☞揚智文化事業股份有限公司

發 行 人☞葉忠賢

責任編輯☞賴筱彌

執行編輯☞陶明潔

地　　址☞臺北市新生南路三段 88 號 5 樓之 6

電　　話☞2366-0309　2366-0313

傳　　真☞2366-0310

登 記 證☞局版北市業字第 1117 號

印　　刷☞偉勵彩色印刷股份有限公司

法律顧問☞北辰著作權事務所　蕭雄淋律師

初版二刷☞1998 年 3 月

ＩＳＢＮ ☞ 957-9272-93-X

定　　價☞新台幣 350 元

E-mail ☞ ufx0309@ms13.hinet.net

國家圖書館出版品預行編目資料

諮商與心理治療的理論與實務：學習手冊 ／
Gerald Corey 著；李茂興譯 . --初版 . --
臺北市：揚智文化， 1997[民 86]
面；　公分 . -- （心理學叢書；3 ）
譯自： Student manual for theory and
practice of counseling and psychotherapy,
5th ed.
　ISBN　957-9272-93-X （平裝）

　1 . 諮商　2 . 心理治療

178　　　　　　　　　　　　　　85012427